30 岁以后，
你想过怎样的人生？
你要成为
一名真正的"熟女"，
还是选择
在 30 岁止步不前呢？

女人30，
拥抱更广阔的人生

〔日〕有川真由美 著　　徐萌 译

中国出版集团　现代出版社

写在前面的话

"30 岁以后，你想过怎样的人生？"

摊开这本书的你，是否有着这样的期许：无论是工作还是个人生活，都能过得身心舒展，怡然自乐？

你是否希望自己能成为一个受到社会、世人认可，并且为别人所需要的人，在属于自己的道路上昂然前行？

通过知识与经验的积累，我们可以在真正意义上感受到工作与人生的乐趣所在，体会到生活给我们带来的充实感。这些都会在 30 岁以后的时光中得以实现。

30 岁的女性明艳动人。

而 40 岁的女性则成熟典雅，富有力量。

在书中，我想告诉大家的是，每个女人都能成为这样的女性。

只是，在 30 岁左右时，你的思考方式、做出的选择和采取的行动都会成为今后人生中的重要转折点。

　　正如树木充分地吸收了大自然中的养分后才能结出最好的果实，你会选择汲取世间精华，成为一名真正的"熟女"，还是选择在 30 岁止步不前呢？

　　对女性来说，30 岁前后是人生的转折点（有时也因人而异）。站在各种分岔路口前，有时会因选择哪条路而烦恼不已，有时也会因担心未来而踟蹰不前。

　　30 岁，有时会感到身上的责任越来越重，发现自己已经无法再撒娇了，有时会感觉走投无路，也会从现实出发考虑婚姻和孩子的问题。

　　另外，同样也是在这一时期中，随着周围对自己的期待越来越高，机会也会有所增多；在开始对这世间有了一定程度的了解后，也终于能够放开手脚大胆行动了。

"接下来，你要怎样做？"

——这样旳人生试炼会接踵而至。

如果能将整本书读完，你就会明白："原来这样的人会从 30 岁开始迎接新的发展""如果这样做人生就会在 30 岁停滞不前"。

希望各位能结合自己的情况，在阅读中体会文字与闲谈的乐趣。然后，经过在心中的沉淀，努力地实践过一两件事后，就应该能感受到自己的改变。

人生迈上一步并没有实质性的飞跃，但是如果改变眼前的一个选择，也许人生这出戏就会向令你意想不到的好方向转变。

在你人生的这出戏中，你就是主人公。

而且，制片人和编剧也是你自己。

如同出演一个驾轻就熟的角色——"最好的自己"一般，努力地创作属于你的最精彩戏码吧！

有川真由美

30 岁后
还能有所发展的人，
在内心深处
总有一种蠢蠢欲动、
静静燃烧着的
野心。

目　录

CONTENTS

.

"我想这样生活。"
"想变成这样。"
30 岁后
是可以任性的年代。

谋求发展的女性
不惧怕失败。

跨越了失败的女性们
灵活、优雅地成长着。
她们沉稳不乱，
面对小小的危机只是说一句
"没关系"。

有点野心又有何妨？
向身边的人传达自己
"做想做的事"
"追求想拥有的东西"
的愿望吧。

做想做的工作，
学想学的技能，
去想去的地方，
见想见的人。

30 岁以后，
什么样的人活得比较精彩？

按照自己的意愿
率真地生活，
拥有自我世界的人
看起来就十分有魅力。

01

顺势而为的智慧
接纳并利用机会的关键

至今为止，通过对很多"30岁后开始大展拳脚的女性"的采访，我发现了一件出人意料的事情：

她们之中的大部分，都不是那种描绘出自己的梦想，为梦想制订计划，然后勤奋努力地去实现自己梦想的人。

"这份工作是我一直以来所梦寐以求的，现在梦想终于实现了！"——几乎没有人这样告诉过我。

她们基本上都会说的话是"不知不觉之间就走到了现在"，或者是"除此之外别无选择"。

另外，她们的话语中还会提到"碰巧多亏了……""偶然间发生了……"，可见她们都是因为某个偶然的契机，才辗转地走到了现在。也许可以说这是顺势而为的结果。

包括我自己也是这样。

我并不是从很久以前就抱有"一定要成为作家"的梦想。

我曾经做过化妆品公司职员、课外辅导班老师、某设施内的引导员、优衣库店长，等等，在反复不停地调换工作后，当我在一家店里做介绍和服穿法的讲师时，受到了婚庆公司的部长邀请，成了一名婚礼策划师。

因为当时身边没有能拍摄出精彩的婚礼照片的摄影师，于是我开始自学摄影，后来索性从公司独立出来成了一名自由摄影师。

几年后，因为我会拍照，所以被地方报社聘用，当上了广告杂志的编辑兼撰稿人。3年半以后，因公司方面的原因我选择了辞职。

考虑到在地方没有什么写作方面的工作，东京却有大量的出版物，所以肯定有些工作可以做，于是38岁的我从鹿儿岛来到了东京。4年后，已成为一名自由撰稿人的我工作上忙得团团转，可是受到了经济危机的影响，稿酬开始有所下降。

"这样下去不仅无法维系生活，身体也会撑不住的。必须想想办法。"就在我发愁的时候，偶然间认识了某位著名的女性作家。当我去拜访她那漂亮的房子时，突然萌生了一个想法：

"如果我也可以出书的话，时间和经济上就都能宽裕些了。"

这样说多少有些难为情，不过当时在我见到那位作家后，觉得自己也可以胜任她的工作。

于是，我向在旅行中结识的出版社社长提交了我的书籍企划书。我看过了这家出版社出版的畅销书《理所当然却又很难做到的职场法则》，在企划书中提出自己也能按照这个方向写书，可以推出一本针对女性的相关书籍。因为我的职场经验比一般人都要丰富，所以有信心写出能通用于任何职场的法则。

幸运的是，我的出道作品《理所当然却又很难做到的职场女性法则》广受好评，于是我就这样一直写书至今。

"我能做些什么"——在不断询问自己的同时，尽全力做好眼前的事，就像冥冥之中被人引领着一样，感觉"不知不觉地就当上了作家"。

经常会有人问我："何时开始以作家为目标的呢？"说实话我并没有设立什么目标，在开始做之后，才感觉到这份工作的价值和成就感，觉得可以继续在这条路上多走几步。

如果有愿意给我机会的工作，我就一定会去尝试。

本书会出现很多"30岁后不断发展的女性"，继续读下去大家就会明白，她们并不是一心追求自己梦想的人，比如考虑"现在做做这个看吧""接下来试试这个"，她们能够顺应时代或者周边的趋势、优雅地应变。

首先，试着顺应眼前的趋势（机会）。

然后尽情地"随波逐流"，能走多久是多久。

　　下面如果又出现其他好的趋势的话，就继续顺势而行……

　　如果你也能这样行动的话，渐渐地就会发现，那个内心深处朦胧的梦想越发地清晰了起来。

　　拥有捕捉好机会的眼光和把握顺势而为的时机，将对今后的人生产生很大的影响。每个人的人生中都会有好的发展趋势和机会，在我的眼中，"有发展前景的人"就是那些懂得顺势而为、利用机会的人。

　　"随波逐流"的同时，等待着下一次机会的到来。

02

寻找需要你的地方，
而不是你想去的地方

在工作上首先考虑对方的需求

　　我曾经做过一段时间介绍和服穿法的讲师。31 岁辞掉优衣库店长的工作，觉得自己今后应该凭借一技之长来养活自己，所以就去考了看上去比较容易取得的和服穿戴讲师资格证书。其中也有我对和服女性怀有一种朦胧的憧憬的原因。

　　可是，这份工作做得并不顺利。

　　我去了很多女性聚集的地方招募学生，但是并没有多少人来报名，就算有学生来也学不长。当时我的状态就是徒有一身干劲儿，但并没有回报，钱也挣不到。这样下去，会怎么样呢——我仿佛陷入了找不到出口的深渊。

　　事到如今，我明白了当初失败的原因。当然宣传方式和教学体系方面都存在着问题，不过最重要的问题在于，我并不是为了别人，而是在为自己工作。我把"让别人满意"放到了次要位置，主要是着急找到一个"自己想去的地方"。

其实我都无法确定自己是否真正想去这个所谓的"自己想去的地方"，总感觉这是我人过三十，在各种迷茫与不安之间，考虑到"有了资格证书就能养活自己"而随便选择的一条路。

好在后来因当和服讲师时的机缘，转而成为婚礼策划师和婚礼摄影师，所以结果还是好的。

越是困窘的时候，就越应该聚焦于他人的需求，这很重要。结果自然会向好的方向发展。

曾经不知在何处听到过一句话："兴趣为自己而做，工作为别人而做。"

工作的价值就在于让他人开心，有益于他人。

即便从结果上看，如工资、回报和评价等都是为了自己而获得的，但是如果首先做不到让他人满意的话，那就算不上是一份工作。

工作其实就意味着我们是在利用"自己"这件商品来做生意。

"提供令对方满意的有价值的东西"——这是做生意的基本原则。

当然，如果能有一份自己喜欢的工作也是不错的。工作中心情愉悦了，很容易发挥出自己的实力，自然也就能取得好成绩。

但是，"现在不需要""还想要点别的"——诸如此类，如今社会、公司和顾客的需求多种多样，如果在这种情况下，你还自以为是地坚持"我想做这个""只有这个了"的话，生意是做不成的。要想在没有需要或者潜在需求的地方创造出需求，必须有相当吸引人的市场营销手段。

与其思考"自己的需求"，不如以"别人的需求"为轴心来思考问题，这样生意一定做得很顺利。

在轴心的延长线上继续探索自己能做些什么。

如果能做的正好是自己擅长的事，那这份工作就更有意义了。即使当时的你无法满足他人的需求，通过努力来实现也并非不可能。

时代、周围的情况和人们的需求无时不刻都在改变。

"这个我会做！"——我们可以根据不同时刻的状况，灵活地拿出自己的"看家本领"。每个人都会有自己能做的事。

经常有人夸赞我"什么工作都能做，能力真强"，不过实际上，我在办公室事务、细小的手工操作和力气工种上完全派不上用场。之所以能走到今天，是由于在不断积累经验的同时，我会认真地思考一些问题，如"这份工作需要我做什么""我可以做什么""怎样能提升自己的价值"。

毋庸置疑的一点就是，以自我为中心来努力的话，工作是无法顺利进行的。

首先要考虑"对方的需求"。"使他人娱悦"是工作的价值——只要牢记这一基本思想，每个人都能把工作做好。

总的来说，选择"喜欢的工作"不如选"自己擅长的工作"；选"想做的事"不如选"能做的事"。

与在自己"渴望的方向"上发展相比，在"渴望自己的方向"上努力，可以获得更多的机会。

实际上，在这个方向上前进的女性们可以展现自己的才能，在工作上取得不错的成就。

做自己人生的导演，
思考提高自我价值的方法。

03

30 岁后，职场需要什么样的人

首先，读懂周围对你的期待

　　要想 30 岁以后能有所发展，成为一个被你所在的职业需要的人很重要，不过我坚信，无论谁都能成为一个"能干的人"，一个"被需要的人"，这真的指的是每一个人。

　　为此，需要我们用心观察周围的情况和交代给我们工作的人。如果不了解对方的需求，也就无法掌握工作的方式。比如，当别人拜托你准备会议用的资料。

　　这份资料"谁用、用来做什么""什么时候要用""需要详细到什么程度"——你的工作重点会因这些问题而发生变化。

　　而且，交给你这份工作的上司"是个什么样的人"，也会影响到这份工作的策略。

　　比如，我们需要考虑这份报告需要重视速度还是准确度，需要做得浅显易懂还是详细一些，有没有必要在难懂的地方添加解释说明……

如果把其他工作抛在脑后，一整天只顾准备会议资料的话，周围同事可能会觉得"这点事根本用不了花那么多时间"，而上司也许也会抱怨你"没必要查得那么详细"。

但是，如果报告符合对方的期待，就会获得"干得不错"的称赞；如果对方正好能欣赏其所做的努力，甚至可以给其带来"超出期待"的感动。

拼命工作不容易，所以我们应该找准努力的方向。对于年过三十的女性来说，"周到"要比"精明"更有持久性。不过，要是做起事来有勇无谋的话，就会耗尽自己的能量。

简单说来，只要抓住对方所期待的重点就可以了。30岁以后，你有没有感觉无论是上司还是整个团体的期待与要求的分量变重了呢？

人到了30岁左右，就已经成长为能够独当一面的老手。这意味着有些20多岁时可以犯的错已经不能再犯，有些事大家会理所当然地觉得你应该会做。

很多时候，你会陷入不安之中，诸如"是否辜负了公司对自己的期待""这份工作还能继续干多久"等。

但是，没关系。

一定会有办法将"自己"这间"个人商店"经营下去的。

要想经营得顺利，就需要改变我们一直以来的工作方式。

以做买卖为例，在店铺刚刚开业的时候可以以"新颖"为武器，就算有不周到的地方，大家也会觉得可以理解。但是过了这段时期以后，就到了真正决定成败的时刻。

我们每个人都只能依靠获取并钻研自己的"独门武器"来将店铺经营下去。这些"武器"，可以是工作技能，也可以是构建人际关系的能力，或者是知识与经验，或是人格上的魅力。30岁以后的你，需要的是一种"品牌影响力"，让大家都觉得"想和你一起工作"，或是觉得"你果然名不虚传"。

能得到他人的期待是一种机会。

无须逃避，也不用感觉有负担，果敢地投入其中吧！

正因为压力和不安的存在，人才能够成长。

让内心平静下来，了解"目前对方的需求是什么"，然后思考"自己能做些什么"。当自己备受期待的时候，我们可以磨炼能够回应期待的技能，找到适合自己的方法。也许还有可能在其他的领域获得可以取代对方期待内容的贡献。

给对自己抱有期待的人和赏识自己的人交出最佳答卷作为回报，这关系到工作的成就感。

当"他人的期待"与"自己能做到的事"相互统一的时候，我们就能成为别人眼中的"工作达人"了。

而且，当女性受到重视和认可之后，就会变得更加有魅力、更加优秀。

"加量"回报信赖与期待。

04

30 岁后，
这样的人会受到机会的眷顾

好机会钟情"行动派"

要想成为 30 岁后能有所发展的女性，应该把"机会"拉进自己的阵营。

对 30 岁上下的女性而言，有时一个小小的机会关系着重要的工作和发展。

也许有些人会认为机会是我们无法掌控的，"机会这种事纯属偶然……"其实，根据你的心境，机会有可能会被吸引过来。

机会拥有几个特点。

首先，机会会选择眷顾资质相符的人。

比方说，如果你被任命负责某个项目，这是因为大家觉得你有这份实力。而默默无闻的新人被选拔为电影的主角，也是因为这个人具备当主角的资质。

暗自增强自己的实力，做好准备后只需静静

地等待。不可思议的是，以 30 岁作为转机，与自己的能力相称的好机会将不期而至。

下面一个特点就是，机会会选择眷顾"行动派"。

我有一个朋友小 N（44 岁），他刚毕业的时候，在电器制造公司做总务的工作。到了 20 多岁的后半段，他"想从每天的单调生活中解脱自己"，于是选择系统工程师的学校进修。大约学了 1 年多后，知道小 N 在进修的公司高层领导们将其提拔进了系统部分。

步入 30 岁后，小 N 同时也在负责工会的工作，他意识到"公司中有不少人有心理上的疾患"，于是参加了职场心理咨询师的讲座课程，并取得了相关的资格证书。公司对小 N 的努力和活学活用心理咨询的工作情况表示认可，提拔他为工会的副主席。现在，不仅在公司里，身为心理咨询师的小 N 还活跃在公司之外。

"要求就会给予，寻找就会发现，敲门就会打开。"这是《圣经》中的一句老生常谈的话。有所追求就会有所收获；有所探寻就会有所发现；敲门……换而言之，一切都要靠行动来实现。不要一味地等待别人的给予，如果自己不主动行动，机会是不会从天而降的。

有点野心又有何妨？让我们行动起来，向身边的人传达自己"做想做的事""追求想拥有的东西"的愿望吧。与之相关的讯息和相关的人一定都会纷至沓来的。

而第三个特点就是，机会转瞬即逝。

比方说，当被问到"要不要尝试一下这件工作"的时候，如果你没有当机立断地回答"我来做！"的话就会错失时机。若你慢吞吞地回答说"我好好想想再答复你"，那么对方可能就会觉得你没什么干劲儿，也许就去找别人了。

西方有句谚语：机会之神，只在前面有头发。

意思是说，神仙前面的头发很浓密，而后脑勺却是光溜溜的。当他来到面前时不要犹豫，如果没有一把抓住的话，过了30岁以后，无论从身后怎样追赶都是抓不住的。

我个人把这句话解读为，当对方面朝你的时候，即在"对方主动提出请求"的情况下，事情往往能轻松顺利地进行下去；一旦对方转过身去，即在对方不再主动的情况下，任你怎样大声呼喊："交给我做吧！"也无济于事。

这和谈恋爱有些相似。当有人接近你的时候，如果你犹犹豫豫拿不定主意的话，对方的感情就会由浓转淡的。当你觉得"没想到这个人还不错"而感到后悔的时候，已经为时甚晚了！（笑）

　　30 岁前后，是各种机会接踵而至的时期。公司及世人会对这个时期的我们抱有期待，我们也会逐渐具备回报这些期待的能力。

　　在日常生活中着眼于自我提升、主动行动，发现合适的机会时马上出击——相信机会之神会对这样的人微笑的。

不要错过让自己"一见钟情"的机会。

05

30 岁后，
这样的人会受到幸运的眷顾

最基本的条件是具备"惹人喜爱的品格"

以 30 岁为界，"越来越幸运的人"具有基本的特质。

最重要的特质，就是具备惹人喜爱的品格。

也许你会对这种说法不屑一顾，但是很多时候我们容易忽略看似理所当然的事，或是心里明白却不付诸行动。

世间万物流转，靠的是人的感情。

人、商品、服务……人们会对惹人喜爱的东西产生一种需求感。

"我喜欢这个人。""想和这个人一起工作。"——当受到他人这样认可的时候，我们的人脉就会越来越广，还会得到机遇的眷顾。即便工作能力并不出众，只要真诚一些，就能在身边人的支持下慢慢成长，然后开花结果。

无论是公司职员、公务员，还是个体经营者，做任何工作都是如此。

反之，无论一个人工作能力有多强，如果周围人都对其敬而远之的话，这个人在30岁后是不会受到机会眷顾的。即使一时得到了工作机会，工作也会逐渐减少，很容易陷入即使自己一个人再努力也无济于事的状况中。

在我与一位人称"天才"的著名摄影师见面时，我问他对于一名摄影师来说最重要的事是什么，他这样回答："能让别人喜欢自己。"

前些日子，某位女演员在接受电视采访的时候说了一番话令我印象深刻，"最需要注意的是，不要让其他工作人员讨厌自己。如果被化妆师或副导演讨厌的话，等他们出名后自己可就该倒霉了（笑）"。我想她应该还生存在这个行业吧。

工作方面的实力来源于"工作能力"和"处理人际关系的能力"两方面。

无论是工作还是机会，都要靠人来运作。为了能在工作上有所发展，在工作能力的基础上，还需要拥有能受到身边人喜爱与关照的品格。

　　大家是不是心里在想："我本来就很招人喜欢呀""我并没有什么惹人喜欢的地方"之类的。

　　想要被大家喜爱，无须做什么特别的事。只要自己有这个意愿，每个人都可以做到"人见人爱"。

　　重要的是要珍惜身边的人。

　　要积极地肯定别人的优点。

　　因为我们每个人都非常喜欢对自己表示好感的人。神奇的是，我们对周围人表达的善意，总会在不知不觉之中回馈给自己。

　　对他人不吝赞美的人，过了30岁以后也会收到相应的赞美。

　　成为幸运人士的第二个条件，就是要像珍惜身边人一样珍惜自己。人在能够发挥自己实力的地方，就会如鱼得水一般自在，但是在不合适自己的地方，就会失去自信，过得很痛苦。

　　选择适合自己的，最终就会有好的成果问世，可以成功地吸引别人。

　　而最后一个条件，就是生活要积极地向前看。

　　时常问问自己"我能做些什么"，然后只要从根本上对自己抱有足够的信心，就一定能具备能获得周围人认可的工作能力。

　　即便不故意地彰显出"我很厉害"，也能从身边传来这样的声音："要不要做这个试试？""想拜托你一件事"。

而且，大家都愿意帮助谦虚勤勉的人。

当这样的人说出"我想这样做"的时候，就会有人伸出援手："那我来帮你"，或是有人能提供有益的信息。

无论是人、信息还是相应的支持，都会自然而然地聚集在惹人喜爱的人身边。

"珍惜身边的人和自己，积极乐观地生活。"——命运会眷顾这样的人。

要想成为惹人喜爱的人，
无论对周围还是自己都要心怀善意。

06

写给对目前工作不满意的你

无论何种职业，只要能获得认可，都可以成为你的"天职"

在工作方面，我们只有两种选择，要么做自己喜欢的工作，要么喜欢上自己目前的工作。

很多人是在偶然或是别无选择的情况下开始一份工作的，但经过一番埋头苦干，最终却发现自己喜欢上了这份工作。因为工作得越努力，就越乐在其中。

我本人以"想做就做"为原则换了很多份工作，不过也有人认为工作的选择"并没那么自由"。

我曾经去东南亚和非洲旅行，那里很魁梧的女性们也都如此。

面对工作，她们并不会考虑自己喜不喜欢、适不适合、想不想做，只是为了生计拼尽全力地做好眼下的工作，渴望用自己的方法取得好的成果。

即便是在经济发达的日本，也有人觉得工作

"没有选择的余地"。

比如在鹿儿岛经营人员派遣公司的宫之原明子女士（35 岁）。

她从短期大学时，就开始在妈妈担任社长的礼仪员派遣公司里做兼职，毕业后马上担任了公司的专务董事一职。于是，明子决心要努力工作，成为电视剧中的那种职业女强人。在她心中，职业女强人的形象要求包括坐豪车、拥有气派的房子、身着高级西装。

但是，明子当时的月薪只有 10 万日元。甚至连奖金都没有，而且 3 个月只能休息 1 天。她觉得这样下去根本无法成为心目中的职业女强人，于是就问当社长的妈妈："为什么我这个专务董事还没有做兼职的人和其他员工的工资高呢？""那当然，董事的工资都是根据公司的收入来决定的呀。"当时，公司一年的销售额是几千万日元。当听说同期应届的银行职员的净收入也只有 13 万日元的时候，明子也就坦然接受了。

但是，明子拥有那个梦想（职业女强人的形象），而且必须将其实现，于是，她左思右想有了一个提议：如果公司的年销售额达到 1 亿日元的话，就能给我涨工资了吧。

于是，在明子的全力经营下，短短几年公司的年销售额就突破了 2 亿日元。经营范围也不仅限于礼仪员的派遣，还扩展到模特与艺人经纪、活动策划与运营、人才培养等领域，拥有 8 个部门共 6000 名员工。

　　明子担任了 15 年的专务董事，为了扩大公司在各个地区的影响力、打入海外市场、在县内外演讲等工作东奔西走，过得十分忙碌。职业女强人的三个条件她自然很快就已经达到了。并且，29 岁结婚、30 岁生孩子这种愿望也成了现实。

　　15 年中她也曾想过去做其他的工作，到县外看一看。

　　"但是我想，既然无法跑出去获得自由，那就应该在现在的岗位上努力实现自己想做的事。于是我下决心要将公司发展到自己可以通过工作跑遍全世界。"

　　即便被限制在一定的范围之中，也还是有很多自己能做的事。

　　如果想在现有的环境中喜欢上自己的工作，或是需要一些提升自己的方法的话，请站在目前所服务的团队的角度从以下的五个方面着手（对于公司经营者和自由职业者来说，请将"团队"替换成"社会'）。

　　1. 解决团队的困难（弱点）；

　　2. 在团队全力努力的方面做到精益求精（强化点）；

　　3. 做团队以后需要做的事（未来）；

　　4. 做团队中无人在做的事（间隙）；

　　5. 拉近团队理想与现实的差距（差距）。

我们可以从这些方面出发，利用自己的强项和优势为团队做出贡献，这与"会不会工作""有没有能力"无关，重要的是为了团队贡献自己力量的这份努力。既然产生了努力的意愿，自然就能具备相应的能力，努力的成果也就随之而来了。

既可以主动地选择自己认为可以胜任的工作，也可以在必要的时候向上司主动请缨。

过了 30 岁的女性，不仅要处理好被委派的工作，还应在工作中展现自己积极的一面。

在现有的环境中，思考提升自己的方法。

07

努力付出的过程中
顺其自然地积攒能量

你拥有的能量超乎自己的想象

在工作中愿意做出尝试，任务就会接踵而至。

特别是过了二字头年纪的后半段，你会发现除了那些可以开开心心完成的工作之外，让你感到头疼、痛苦的事也有所增加。应对这些事才是所谓的工作。

如果这时你能迎难而上并受到认可的话，就会被托付更重要的任务。如果这也能顺利地完成，就还会有更大的课题等着你。

然后你就会发现随着眼前的任务被依次解决，不知不觉中自己已经具备了足够的能力，等到30岁之后就能收获很大的成就。

我当摄影师时的第一份工作是做婚礼现场的跟拍。当时我既没有在摄影学校学习过，也没拜过其他摄影师为师，只是靠着自学学了点摄影，就接下这份突如其来的工作。当时自己并没有慎重地应对，只是想着"车到山前必有路"，当然，结果是没能拍出好的照片。

看着那些拍得一塌糊涂的照片，我因没能使客户满意而感到十分内疚，陷入了深深的沮丧之中。一生只有一次（大多数情况下）的婚礼，无法重新拍摄，而且由于当时并不是数码而是胶片的照片，所以也无法修片。当时我还提心吊胆地害怕客户会索要赔偿。

于是为了不再重蹈覆辙，我利用业余时间拍摄了几百卷胶卷，疯狂地练习，在各种场合拍摄了各种人和物。这样练习下来，在感觉上逐渐开了窍，了解了"在这种亮度和距离的情况下，要把曝光值调到 2.8""以这个房间的大小来看，只需把闪光灯的光打到天花板的这个位置，灯光就能覆盖整个房间"等。

在我能够顺利地拍摄好婚礼摄影的时候，其他各种照片的邀约接踵而至，如商品和料理照片、学校介绍、空中摄影等。当然，在当时我是不会拍这些种类的照片的。

但是，在我接受了这些工作的邀请后，竟然不可思议地都学会了。

每次我都会通过看书或是请教摄影方面的前辈，拼命努力地做好这些工作，后来基本上面对所有拍摄对象，我都能按照自己的想法拍出想要的照片了。

到了 35 岁，在我开始以写文章为生的时候也是全无经验。别说经验了，从小学到大学我最不擅长、最讨厌的就是写作文和论文。在连一封简短的信都懒得写的状态下，我的第一件工作——写仅仅 400 字的原稿，居然用了 1 天都没写完，还是周末写完后才提交的。

但是，3 个月后，我可以在采访的当天就提交写好的原稿，3 年后，能用 1 天写完一篇长篇报道，现在如果鼓足了劲儿的话，甚至可以用 1 个月写好一本书。这个过程，我用了 8 年的时间。

人在迫不得已的时候，总能想尽一切办法。

而且，"我不擅长写文章"的这种想法，是一种在几乎还没行动状态下的执念。当能力达到一定水平以后，自信心会被激发出来，然后就会意识到自己在不知不觉中已经迷恋上写文章这件事了。

无论何种工作，都不会有从一开始就能做得得心应手的人。也不可能做到一步登天。

但是，正因为敢于挑战超出自己实力的工作，才能在接近 30 岁的时候，拥有在工作中大显身手的能力。

到时候你就会意识到，自己在不知不觉间反复积攒的工作能力是多么有威力的存在。

当然，"半路出家"的人可能比不上在学校学习过或是取得过资格，从一开始就有一定基础的人。但是掌握新的技能却可以增加自己在公司里得到工作或是跳槽的机会。

其实，也没必要从一开始就样样精通。

就算开始时一窍不通也没关系，当感觉到有必要学习的时候再学也不迟。

只要在工作上肯努力，诸如"这样可以做得更好""下次要试试挑战这个""想拥有这项技能"等各种挑战就会接踵而至。

为了更好地完成工作而不断精益求精，这不就是职场达人的魄力吗？

不要说"不行""我做不了"。

08

选"易事"不如选"难事"

成功路上无易事

人生就是一道连续的选择题。

"选哪个呢""选择继续还是放弃呢",当诸如此类的选择接踵而至时，我们需要用自己的意志进行选择。

所以，我们现在的状态就是自己选择的结果。

在此之前，我曾采访过很多 30 岁后开始大展拳脚的优秀的职场精英，不少人都告诉我"一般都会选择比较难的事来做"。

其中有一位是经营新娘跟妆与美甲沙龙等业务的金森理香女士（35 岁）。

"十多岁的时候我喜欢涩谷的中心商店街，20 多岁的前半段我最喜欢六本木，现在的年轻人……当时我就是大人们眼中所谓的不良少女吧。"理香这样说道，不过现在的她已经是一位风采出众的女性社长了。

　　曾经，在理香辞去美容方面的工作的时候，当时公司的社长对她说："你这样的人，是无法经营一个公司的。"她在一气之下反驳道："我一定会成立公司的！"这就是她创建公司的契机。

　　从聘请第一名员工开始，经历了在婚礼会场中逐步扩充业务范围的阶段，如今，公司在 8 年中发展到共有 15 名正式员工，20 名合同工。公司不断发展，每年的业绩都处在稳步增长之中。

　　"原本都没有想过要当社长、开店、把公司做大。我只是特别喜欢能给别人带来快乐的感觉。就是感觉当员工们提出自己的目标后，我就很想帮他们实现，于是从支持别人的另外一个方向上我找到了自己的位置，等意识到的时候自己就是公司的社长了。"

　　公司里有一个员工想独立出去做美容美体师，理香就向她建议"在公司里试试看如何"，于是美体沙龙就开业了。

　　理香与丈夫在 3 年前结婚，当丈夫犹豫要不要出售北海道老家的牧场的时候，她提出："难得有这样一片牧场，不如试着利用一下吧！"于是，他们共同经营牧场，不仅亲自参与牧场商品的开发与相关活动，还在北海道开了美甲沙龙、在电台做主播等，扩展了活动的范围。

　　"我经常会选择比较难的那个选项。"理香说。问及原因，她告诉我："因为这样比较有意思。一直以来我都是这样想的，一般大家都比较倾向于挑简单的事情来做。当被人问起能否完成某件事的时候，回答'做不了'事情就会简单许多，但是如果选择回答'我能做'的话，也许就能有长足的进步。我认为，不要给自己找做不了的理由，前行时应该思考的是'怎样能做好'。"

30 岁后有所发展的女性们，在工作中总保持着"进攻"的态势。她们不会计较工资、上司的认可和将来的发展如何，而是凭着自己兴趣和喜好勇敢地发起挑战。

如果我们能在工作中主动前进发展的话，面对任何事都会觉得兴致盎然。

相比之下，遗憾的是也有些女性消极懒散，于 30 岁止步不前。

她们认为"如果可以的话，不想选困难的事情做""轻轻松松最重要"。

但是，轻松之路是一成不变的。很多人选择轻松的道路，希望能有一份不紧不慢且长久的工作，即便刚开始的时候感觉还不错，过几年之后就会对未来感到不安与怀疑——"这样下去能行吗"，于是开始选择参加升职考核、跳槽，或是努力考取资格证书。

这些女性本来都是有能力的人，所以她们终究不甘心满足于"一成不变"的工作价值、评价、地位和工资等，对此会产生厌倦与无趣之感。

因贪图"轻松"而欠下的账总归还是要还的。

而应该也有一些眼下选择难题的人会觉得"只有自己在吃亏""真羡慕大家轻松的工作"吧。

但是，这正是最佳的成长时期。

之后等到真正可以放松的时候，就能"海阔凭鱼跃，天高任鸟飞"了。

选择难题与改变的结果，会在下一时期中发挥作用。

最终一定能得到勇于挑战的褒奖。

轻松地尝试挑战略微有些难度的事。

09

抓住现在，选择"变化"舍弃"安逸"

现在在公司中混日子，看不到三年后的未来

大多数人都希望能找到一个"稳定"之处。

但是，就算找遍全世界，也许也找不到一个如此虚幻的地方。

一切事物都在随着时间推移而变化，这是世间的定律。诸如社会情况、公司和家庭情况、人际关系、物品的价值、常识、工作方式、人的情绪，等等。"一成不变"的事物是不存在的。即便存在，也只有自然和人类的本质部分。

特别是现代社会正以异常的速度变化着。在这种情况下，如果希望保持现状而停下脚步，马上就难以生存了。无论选择哪条路，假如自己不能也随着变化的话，就无法继续保持稳定。

小K（29岁）在食品公司负责销售方面的事务处理。工作单一，公司同事之间的关系也还不错，她以为自己会永远地过着这种安稳的日子。

　　打破这种安稳的，是公司中途聘用的一名女性小 U（28 岁）。

　　小 U 曾经在多处任职积累经验，她会向上司提出类似于"这样做怎么样"的意见，而且擅长用计算机统计数据制作资料，她还积极地做打扫，并整理好一直以来小 K 都懒得整理的文件，各方面的表现都很抢眼。

　　小 K 总觉得不太痛快，但是却自我安慰道"唉，算了。因为我在这儿工作的时间比较长。反正一直以来我和同事们的关系都还不错"。但是，一次男性同事不经意间的一句话将小 K 推至谷底："小 K 如果再不加把劲儿的话就输给新人了哦。"

　　果然，销售们在委派工作的时候，找小 U 的人比找小 K 的要多。在不知不觉间连在同事之间的威望都被赶超了。

　　小 K 无法忍受继续待在公司里，在几个月之后辞职了。她一直以插花为兴趣爱好，这次为了学习插花飞到了英国。

　　小 K 的心中掀起了一场"非变不可"的革命，并且方向是公司之外。

　　人面对变化总有一种"恐惧"的心理。也就是对未知世界的恐惧。改变也是一种冒险，我们并不知道未来会发生什么。当在先有的状态并非一切都令人满意，但又不太差劲的情况下，人大概都会选择"维持现状"吧。

　　但是，其实"维持现状"也很可怕。

我总觉得这种恐怖的感觉更为强烈。无论是工作还是人际关系，如果一直保持一样的状态，就一定会产生审美疲劳，令人厌倦。

比如，有很多工作即便开始做时会受到"干得不错"的表扬，但是如果只做同一件事的话，带给对方的惊喜就会越来越少，最后还会受到"是不是只会干这个"的质疑。而且和自己做着相同工作的人会不断出现，也许有一天就不会再有人把工作交给你了。

所谓的"把工作做好"，就是能给予别人感动。如果自己不能持续地成长，是无法不停地感动他人的。

例如，到了 30 岁左右，即使工作是"总提供同样的服务"，要想不断地激励自己保持相同的状态也并非易事。因为人面对新鲜事物和自己有兴趣的事才有很强的动力，但是面对习以为常的事，动力会逐渐消退。

人际关系也是如此。人与人之间的关系随着时间的流逝一定会发生变化。如果不能有意识地认可、体谅对方的话，是无法保持良好关系的。

无论什么事，为了能将其持续下去都必须积极地做出"改变"。

所谓"稳定"并不是甘于现状、依赖现状，而是依据情况一边灵活地做出"改变",一边保持稳定感。过了 30 岁后,无所事事、一成不变就意味着"退化"。

一切状况因变化而有趣。所以,当我们跌落至谷底时才能抱有希望,越是顺利的时候就越应当提高警惕。

无论是"成长""持续",还是"稳定",都建立在变化的基础之上。

总之,除了不停地改变以外我们别无选择。既然如此,就下定决心,朝着不远处的目标来一场重大的变革吧!

做好"不断改变"的精神准备。

10

浪费时间与金钱不如给未来投资

积累挣钱的能力比攒钱更重要

3 年前左右，还有 3 年就 30 岁的派遣员工小 Y 对我说："我挣的钱刚刚够花。每天午餐吃便当，下班后和周末的时间都宅在家里。但是我很担心今后的生活，所以想攒一些钱。"

于是在朋友的推荐下，她开始在网上进行外汇期权交易。据她说回家后，一天 4 ~ 5 个小时都要待在电脑前面。

这样一来，平均每个月可以有 2 万 ~ 3 万日元的存款，总算是能攒下一些钱了。

那时，我给她的建议是："如果 1 天要用 4 ~ 5 个小时面对电脑，利用这些时间出去打打工不是就能挣到钱了嘛。就算一天能挣 3000 日元，工作 15 天就是 45000 日元。在便利店打工也是可以的，找那种跟人打交道，能积累社会经验的工作比较好。这样或许还能遇到工作或是恋爱方面的好机缘呢。"

"啊，下班后还去打工，太累了吧。"

"那你把用来投资外汇的钱和时间的一半投资到学中文上怎么样？如果认真学上一两年，就能达到可以运用在工作中的程度了。会英语的人很多，但是会中文的人却很少。这是一个好机会呀！"

"我对中文没兴趣。"

最近，我有机会见到了她。

"我觉得自己不能再这样下去了。"

已经 30 岁了却依然还是派遣员工，她很沉重地诉说道："结果这些年我都做了些什么呢。工作恋爱都没什么进展，几乎没怎么玩也没去旅行过。倒是有了 100 万日元左右的存款……"

"现在开始行动也不晚呀！"

小 Y 一直在用自己的方式努力着。每天去公司上班，紧衣缩食，想方设法地操持家计。

但是既然辛辛苦苦不容易，与其拼命攒钱，不如走出家门找份工作，努力地挣钱和学习。她应该到各处去看看，认识更多形形色色的人，就当是交学费了。

在充斥着欲望与精力的年代，如果处在"防守"的状态，就会因欲求得不到满足而倍感沮丧，况且正是个人成长的好时期，宅在家里岂不浪费？

时间、金钱和劳动不是用来肆意消费的，而需要投资给未来。

若是为了未来着想的话，不要攒钱，请投资给自己，使自己变成一个比现在更能挣钱的人、一个不怕没饭吃的人，这才是最佳的投资回报。

说到底，靠得住的不是钱财，而是能够产生财富的自己。

在将近 30 岁的时候是可以不用存钱的。做出的投资在下一个年龄阶段一定会有所返还。这种返还并不仅仅直接体现在收入上，还包括看待人与物的眼力、判断力、分析力、处理人际关系的能力，等等，这些都会化作我们生存的能力。

正因为拥有这些能力，才能继续孕育出财富。各种经验和人脉、学习、特长，等等，自己积累得越多，就越有"挣钱的能力"。

如果投资的话，也可以选择学习一门语言，将目光转向海外，周边的领域中也蕴藏着很多可能性。心理、教育、护理、农业、环境……也许在大家都没注意到的真空地带就隐藏着机会。

如果往大家都在追求的方向上走，过了 30 岁就会成为"原地踏步的女人"。朝着"无人问津"或是"困难重重"的方向上努力，才能受到别人更高的重视。若非如此，就只能自己去寻找需要自己才能的地方了。

当自己觉得肯定有必要学习某种技能的时候，就算是借钱也要为自己投资。如果工作比较忙，没时间学习的话，就应该去想一些能学习的办法。说自己"没时间""没钱"，这些都是借口。只要是真正想做的事，总会有时间和金钱的。

比起打开"防守"模式防止失分来说，主动"进攻"得分的人生不是更加快乐吗？

将自己的一部分收入或者时间
用来投资自己。

11

勇于尝试

在尝试的过程中找到答案

据说人分为两种：一种是"先想后做的人"；另一种是"先做后想的人"。

前者乍一看好像很谨慎，但其实多是胆小或是怕麻烦的人，嘴上说着"……所以我不去做"来给自己找借口。

"这就如同冲浪一样，等下一浪、等下一浪……这样一直等待下一次波浪，结果还是临阵脱逃了。我不是那种会慎重地等待波浪到来的人，只要有好的波浪我就要踏上去试试。"经营一家通信贩卖公司的林衿子女士（46岁）这样告诉我。

30岁的时候，衿子在工作中遇到了一大波浪。公司出售的商品之一——减肥用的瘦身咖啡大受欢迎。以至于公司在东京市中心的黄金地带盖起了自己的办公大厦。

　　如此成功的衿子也并不是从 20 岁出头开始就以通信贩卖为目标的。

　　从短期大学毕业，在体验过女性杂志编辑的工作后，衿子想考验一下自己的能力，于是在 27 岁的时候独自成立了一家广告代理公司。她将办公室设立在一间一居室的公寓中，一个人开始创业之路。

　　当时杂志的影响力很大，眼看着自己制作的广告不停地招徕众多客户，衿子意识到了一件事："一天 24 小时，一个人能做的事情是有限的。但是无论自己在睡觉还是身处国外，商品都是一样在出售。如果只靠自己的话，身体会吃不消的。广告代理公司并不应该由自己来经营，而应为自己所用。"

　　于是，她开始尝试着出售自己研发的健康食品，获得了意想不到的好评。然后慢慢地从广告代理业转型到通信贩卖业，利用杂志特辑和广告等各种策略销售商品。

　　这些策略被很好地运用在了瘦身咖啡上。瘦身咖啡是朋友当作特产从德国带回来的，我喝到的时候瞬间眼前一亮。

　　我问她，这一切看起来都很顺利，有没有过失败的时候？

　　"当然有过很多失败啦。比如商品做多了，都压在手里卖不动（笑）。尽管当时觉得这样可不行啊，不过就像冲浪一样，做好最后落地的动作不就可以了嘛。说到底失败只能算是过程的一部分罢了。"

衿子还说，做出各种尝试之后直觉会变得敏锐起来，可以凭感觉预见出哪些商品即便做了也会失败、哪些可以卖、哪些需要删减。

前年，衿子决定回到原点，于是她把在东京各地经营的美体沙龙、私人诊所和红酒酒吧等全部转让。得以在世界金融危机到来之前成功回避了风险，免遭损失。

衿子之所以能成长，是因为她一直为了考验自己而反复地做出尝试。人其实无法真正了解自己没做过的事。所有做出的尝试都会成为观察、判断事物的基础。

对于如何在三四十岁活得精彩这个问题，衿子的回答是："专注于自己最有自信最擅长的事，反之不要做自己不擅长的事。要想发现自己的长项就要去尝试。试过之后才能了解自己的强项与弱项是什么，这样找到的合适职业才是天职。"

30 岁后发展得不错的女性，都有一个共同点，就是行动快得甚至有些急躁。如果只凭脑袋想象无法开始的话，就不要想得很复杂，觉得"可以了"的事应该马上付诸实践。

就如这句话所讲：做想做的工作，学想学的技能，去想去的地方，见想见的人。

产生想做某事的愿望，就说明小小的波浪来到了。试着乘浪而行，也许小浪会出人意料地长成大浪。

行动中孕育着机会。

实际上，30 岁以后的人生之浪是由自己创造、自己吸引而来的。

左思右想不如跟着自己的"感觉"前进。

12

自己的市场价值由周围来决定

用自己特有的附加值决一胜负

身为一名成熟女性，要想赚钱有一件事很重要。

那就是了解"自己的水平"。

也就是说，能够冷静客观地审视自己。

M 女士是年销售额上亿元的珠宝公司的社长，下面是她 20 多岁在一流的俱乐部打工当陪酒女郎时的事。

为了不输给其他陪酒女郎，她接客的时候都会身着华美的礼服裙，发型也很漂亮。但是某一天，一位客人对她说："你是个丑女啊。"

M 说："当时真的很受打击。因为 20 多岁的时候，自己感觉还说得过去。不过环顾四周，我也承认的确如此。大家都是大美女，如果从视觉上竞争的话毫无胜算。"于是她采取的行动是："所以我想只有凭借能说会道的这个强项来一决胜负了。就算上前接客时会被客人嫌弃'你长得这么丑，不要过来'，也要强行坐到客人身边说'哎呀，我知道您喜欢我'，然后再让他彻底地开怀！"

于是，她的粉丝慢慢地增加，最终成为俱乐部的头牌。

自己在工作方面的价值是由他人或是社会决定的。

所以，了解周围人和社会如何评价"自己的水平"很重要。在工作能力、经验、外貌、沟通能力、人格魅力等方面，自己的水平如何？

我们都不愿意面对自己的弱项，不过可以在认识到不足的同时，利用自己的优势和个人特色取胜。

与其在拉升弱项至平均线上努力，不如发扬优势与长处，这样既能提高他人的评价，自己也能感觉轻松快乐一些。

与其询问"在这里需要我做什么"，不如想想"自己能做些什么"，从而找到能获得认可的方法。

在求职和跳槽的时候也是如此，了解自己的品格和工作能力如何，有助于找到能够认可自己的地方。

现实是严峻的，"你的工作值这个价钱"——大家每个人的收入，都是由劳动市场按照工作的价值加以判断并清晰明了地用钱数表示出来。

当然，工作只是你个人构成的一部分，并不是对你这个人的全面评价。自己觉得可以接受的话倒也无妨。但是如果觉得"这个工资我接受不了"，那就该自己做出点改变，比如提高工作能力、努力地展现自己的价值，或是换个地方工作等。

据说最近实行年薪制的公司也有所增加。即便是领取固定工资的公司职员、派遣职员，也应该像经营自己的"一人商店"一样不断地重新审视自己所做的工作的价值。

比如，公司新人与自己的工作状态有何不同、能在哪些方面为公司做贡献、如果离开公司自己有多大的价值；等等。

30岁以后有所提升的女性们了解自己的真实水平，所以不会懈怠在自己长项上的努力。这种工作状态的回报就算不直接反映在报酬上，也会关系到来自周围的认可和信任，从说话分量、推进工作的难易程度和得到的机会等方面，以看不到的方式补偿回来。

而在30岁就止步不前的女性，由于无法客观地审视自己，所以就不了解自己的工作能力和评价，仅凭自己的想法工作，有可能会被身边人疏远，严重的话甚至有可能成为裁员的对象。

"知彼知己，百战不殆。"这句话适用于任何工作和职业。

只有了解对方、看清自己，才能回馈给对方一份令其满意的工作。

如果没有得到认可，请谦虚地思考自己有何不足。

13

相信自己拥有好运气

想象力决定能力

好运之人的条件，就是相信自己拥有好运气。

这种没有根据的自信，可以把不可能变为可能。就算没有什么明确的原因，如果总认为"我能行"的话，那么就应该已经充分地具备了相应的能力。但是，有些一般很容易就能做到的事，却有很多人臆想出了一个"无能的自己"，认为这些事情"做起来没那么容易"。

这就像是在踩油门的同时也踩着刹车一样。没有人能在觉得自己做不到的情况下取得成功。

我是从 30 岁开始相信自己是个走运的人。

最初我感觉自己在一些小事上很幸运，比如，在宴会上抽奖抽中旅行券，或是弄丢手表、钱包后还能失而复得等。

每当一件事进行得很顺利的时候，我都会小声对自己说："我真是太幸运了！"每次抽签，我都觉得自己能抽中；找不到的东西我也觉得自己一定可以找到。不仅如此，我还能合格通过竞争激烈的应聘考试、受到工作机会的眷顾、实现自己的目标，等等，这一切都是因为我相信自己能够做到。

实际上这些事几乎都进行得很顺利，即便遇到了阻碍也能跨越过去，因为我仍相信"自己运气很好，所以不会再往坏处发展了"。我想，一定是每次当自己将"我很幸运"这句话印刻在心中的时候，好运的螺旋就变得越来越大。

小笠原实裕花女士（化名，48岁）也是个运气很好的人。她身为国外航空公司的空姐，20年来飞往世界各地。

实裕花女士身高154厘米，以这个身高很难成为日本国内航空公司的空姐，而且当时外国航空公司也没有录用过日本人，在这种情况之下她竟然令人不可思议地成了一名空姐。

高中时她开始对国外产生了向往。想着无论如何也要出国看看，于是她参加了奖品是海外旅行的抽奖活动。当时她觉得自己不可能被抽中，结果果然落选了。

但是，有一次，实裕花亲眼看到同年级的一位朋友在电影院的抽奖活动中抽到了洛杉矶旅行大奖，去迪士尼乐园玩了一圈回来。

"哎，原来是有机会中奖的啊！这使我明白了，即便是高中生，即便居住在小城市中，也是有人能中奖的。"

于是，在第二次应征赴美学习英语之旅时，她心中想着自己一定能中奖，在朝着邮筒祈祷一番后把信投了出去。在数以万计的信之中她的信被抽中了。在旅途中，她受到了眼前这般广阔世界的冲击，萌生了想成为一名面向全世界服务的空姐的想法。但是求职的时候，因为身高的原因不得不放弃，最后做了与空姐完全无关的工作。但是她仍然想做与国外有关的工作，所以一直坚持学习英语。

机会来源于一次国外的航空公司大规模招募飞机内的翻译人员。超过 1000 份的求职简历装满了几个纸箱子，其中会被录取的只有两个人。据说这次考试要经过 1 次笔试，4 次面试，所以这个难关并不是仅靠运气就能闯过去的。

"我做过很多次国际航线，看到过机内翻译工作时的情景，所以我坚信我可以做这样的工作。"

于是，两年后，由于公司不再需要机内翻译，所以 28 岁的实裕花女士实现了高中时代开始的梦想，成了一名空姐。

"认为不可能成功的想法会在自己的心中形成一条河流，然后自己就会扑通扑通地掉进去。我心中也有这条河，但是当望向对岸我就会想'这点距离自己没问题'。"

看起来信心满满的实裕花女士还告诉我："以前我对自己没什么自信。总觉得自己个子矮，长得也不漂亮，学历又不高，英语也不过硬。但是这是在与别人作比较得出的结论。在我觉得自己这样就挺好之后，感觉轻松了许多。"

正因为在自信的基础上，加上平时的努力和经验的积累，幸运女神才会眷顾实裕花女士吧。学习侍酒师、考取潜水执照、参加火奴鲁鲁的马拉松比赛，等等，现在的她继续着各种挑战。

即使有缺点、不成熟，也要认同这样的自己，并且相信"自己也有能做到的事"。因为缺少自信，人才得以成长。

看一看"成功人士"，是锻炼想象力的最佳方法。乐观地在心中塑造一个"像他们一样的自己"，然后径直前进吧。

即使再小的事，
也要对自己说："我很幸运！"

14

了解自己的个性

冲进"自我世界"

30 岁以后，什么样的人活得比较精彩？简单来说，不就是那些"活得潇洒自在，开开心心的人"吗？按照自己的意愿率真地生活，拥有自我世界的人看起来就十分有魅力。

"有所发展之人"，也同样是"活得自在的人"。为此他们能最大限度地发挥自己的长处和好奇心。因为人在面对自己喜欢的、怀有好奇心的东西时，可以发挥出大得惊人的能量。

女性在 25 岁以前，没有什么显著的个性。大家看上去装束和行为都比较相似，但是到了 25 岁以后，就会慢慢地显现出自己独特的风格。在此之前，我们总觉得与身边的人保持一致会比较踏实，所以会跟随别人的选择，但是 25 岁之后再想这样"人云亦云"并不容易。

即便如此，我们仍然不了解"自己"。适合自己的衣服、适合自己的恋人、自己喜欢的娱乐方式、能够娱悦自己的生活方式，等等，在 30 多岁的人当中，也有很多人仍在上述问题上探寻"自我"。生活在忙碌的现代社会，我们很容易随波逐流，忘记自己真正的感觉而去勉强做一些违心之事。

我也是这样。有时会因觉得"那个挺好，这个也不错"而眼花缭乱，有时只是一味地效仿流行，有时最后就选个无功无过的图个踏实。我时常也会想究竟何为"真我"呢。

当时，从一个和尚那里听到了这样一段话："'何为真我'这个问题，任你怎样冥思苦想，都得不到答案。最终结果，只有'活着'这件事是真实存在的，所谓真我，是在假设自己是某一种人的基础上创造出来的东西。"

"真我'也许我们穷尽一生也无法明白，同时它也不是固定不变的。无论多大年龄，都会有崭新的自己出现。

但是，如果能静下心来面对自己，就能了解自己现在真实的想法，还能了解什么能让自己感到舒适惬意、什么能带给自己开心和快乐。如果真的能活在这些感觉之中，实在是一种幸福。

我认为可以将"真我"理解为：这世上存在着能够客观地审视自己的'另一个自己'。

重要的是，与自己进行沟通。时常在"现在什么心情""真正想做些什么"等问题上自问自答，就能找到适合我们的、自己喜欢的东西。

因为没有人能比自己对自己更感兴趣，更了解自己。

比如，20多岁的时候无论穿什么、化什么样的妆都适合，可是30岁以后就做不到这样了。如果服饰不能和人自身独特的气场相吻合，就会产生不协调的感觉。

彻底地了解自己的需求和个性，还有助于发现自己的优势。

充分地发挥想象力，试着打造一个"终极的自己"吧。

穿着适合自己的衣服固然很重要，但是行为举止、言谈措辞、姿势等也是能给人深刻印象的要素。对女人来说，只要肯下功夫，服饰和妆容都不是什么问题。在自己身上花了多少工夫能表现出很大的差异。"我就是这样子的"——我们不要草草地就给自己下了定义。而且，最重要的是要在让自己快乐上下功夫。任何事都与"快乐"和"发展"相联系。

30岁后的"美丽"由自己来打造。

过了30岁后，在工作、娱乐和兴趣、时尚、生活方式和人际关系等方面，可以无所顾忌地说出"我想做……""我喜欢……""我在想……"。如此一来，身边的人在与你接触的时候就能了解你是怎样的人，可以得到一些对自己喜欢的东西和想做的事方面的帮助。

　　"我想这样生活。""想变成这样。"——转变生活方式的中轴就在自己手里。如果自己把握不住，一味地受到周围的摆布，就会迷失自己。

　　握住"自我之轴"，根据周围做出灵活的改变……

　　30 岁后是可以任性的年代。

拥有一件能令自己开心的事。

15

唯一有责任承担自己幸福的人就是自己

不要被社会普遍的价值观所左右

前几天，一位 29 岁的朋友纱耶香给我发来了一封邮件。

她是某家保险公司风头正劲的销售员，而且还是个模特一般的美女。纱耶香很有魅力，甚至还作为"耀眼的女性"被知名杂志报道过。

"妹妹前几天说的一番话，让我很受打击。'姐姐，这社会上有很多人都认为与工作优秀、穿戴讲究又有钱的女性相比，结婚生子的女性更胜一筹。'听她这么说，我猛地意识到，一般而言的确如此啊。"

此时正值纱耶香因在工作上碰壁而烦恼的时期。"现在的选择正确吗"——面对现在的自己，她产生了犹疑。

　　我很理解她这种心情。我不是像纱耶香那样兢兢业业工作的女性，也不是美女，但同样也在30岁前后开始烦恼起来。那是在我当了3年左右优衣库店长的时候。

　　那时在工作上已经不能再出现任何闪失，压在身上的责任越来越重。继续这样在工作的路上径直跑下去，还是找寻其他更适合自己的路呢？如果继续这样往前冲的话，很难结婚生孩子了吧？与其依附着公司工作，是不是应该认真地考虑一下自己的幸福呢……面对这些分岔路口，我在冥思苦想中度日，却没有得到任何答案。

　　工作了十多年，本以为自己已经在某种程度上读懂了社会，但是对于"自己应该怎么办""怎样选择接下来的生活"等自己的问题却没有弄明白，而且也没有自信。这是很多女性都会感到烦恼的时期。

　　所以，我们还是会在意身边人对自己的看法，也会把一般世人眼中的"幸福女性形象"、活得很潇洒的演员和身边的人当成自己的榜样。

　　但是我想请你好好思考一下，究竟谁能让自己幸福呢？通过模仿世人眼中的幸福形象和别人的幸福，并不能让自己变得幸福。

　　这里就是30岁后继续发展的女性和在30岁止步不前的女性的分歧点。

"别人是别人，自己是自己。胜负其实都无所谓。"——关键就在于能否转变心态。每个人的生活方式都不同，与身边人进行比较是很愚蠢的事。若用周围人或者社会上的一般人与自己作比较，就会受到他人价值观的影响和束缚，无法开心自在地生活下去。"困惑"和"不安"会对成长造成阻碍。

这也并不是在强迫你决定选择哪条路。

如今也已经不是把工作和结婚分开考虑的年代了。

我们只需在所处的时刻凭着自己的心情和感觉如实做出选择即可。因为路并不是一开始就存在的，最终我们都会走上各自的道路。

当不知如何是好的时候，请屏蔽周围的杂音，以自己的知心朋友的身份不断追问自己："喂，说句实话，你想怎么做呢？"尝试在睡前的 5 分钟，留出面对自己的时间。在每天的不断追问下，一定能听到自己的真心话。

而且，在 30 岁前后应该树立起"自己的幸福由自己负责"的意识。依赖他人绝对无法产生"幸福"。因为正是对某人产生了"让他为我做……吧"的期待，才会不停地因"他没给我做……"而心怀不满。

也不要先抱有一些寄托了期待的想象，比如"要是能……就幸福了"。要想充分地感受眼下的幸福，是有一定条件的。收集身边的快乐、有趣、高兴的事，你就会发现"幸福"俯拾即是。

越是带着希望向着某个目标迈进的时候，就有越多能感觉到幸福的瞬间。现在不幸福的人，不代表永远都无法幸福。

在这个时期中，烦恼或慌乱不安都没有关系。有烦恼之人度过某个时期之后，就会迎来对曾经那么烦恼感到不解的新时期。无论以怎样的方式生活，我都希望大家能选择一条得到自己认可的、能昂首挺胸走下去的道路。

自己是自己。
从与他人的比较中解脱出来。

16

经验打造今后的人生

不断更新自己的"舒适空间"

据说每个人都有自己的舒适空间。

比如，有的人加班到深夜的时候，偶尔会在居酒屋或是咖啡厅向朋友发发牢骚，就算他东拉西扯地胡说一气，这就算是他的舒适空间。

即便我们想从这个空间中脱离出去，如果前面的世界偏离了自己适合的感觉，我们就会感觉到不快，从而启动心中的自动防御装置。"我保持现状就可以了，因为这样很舒服"，于是下意识地又想把自己拉回到舒适空间之中。

换而言之，我们现在的状态，就是正在踏实地待在我们的舒适空间之中。

再举一个例子，当购买未曾使用过的高一等级的化妆品时，我们会很犹豫，心里想着"是不是有点奢侈"。但是坚持每天使用后，切身感觉到了效果，心中又会想"果然好东西就是不一样"，也许还会继续使用下去。

这就是舒适空间的改变。

现在的工作、居住环境、着装、出差的酒店、休息日去的地方、选择的恋人及配偶等，这一切都是在舒适空间的范围内挑选出来的。

如此说来，我们将行动控制在自己想象范围内的舒适空间中，正在朝着自己想变成的样子变化。

如果想要进化这种舒适空间的话，应该尽量趁着20～30岁之间的时候，看一些有益于自己的东西，积攒好的经验，积累成功的体验。

特别是在接触了一些被称为"一流"的东西后，可以拓展人生的广度，一定能在后面的时代中发挥作用。

接触一流的酒店、一流的料理、一流的艺术等也是不错的体验，但是对于我们来说，最刺激的莫过于接触一流的工作者了吧。

不仅仅是自己工作领域的工作者，了解各种领域的优秀职场人士的高远志向、工作方法和思维方式，能让我们意识到"自己做得还远远不够。但是，应该向着这个方向努力"，从而激发想象力和勇气。

自己的可能性得到了扩展。

实际见到的事情与经验会在脑海中创造一个意象,然后再转变成现实。

"做好的工作""享受人生""建设良好的人际关系""谈一场好的恋爱",这些意象都是从我们的见闻、身边人的影响和自己的经验中得来的。

比如,有些人谈恋爱总是谈得很痛苦,其实这种痛苦的状态就是他的舒适空间。自己总是被强拉硬拽到因过去的经验或是周围人的影响而根深蒂固的恋爱模式之中,在心里的某处觉得"这样也不坏"。

为了能摆脱这一泥沼,只能靠在看到很幸福的情侣后,反复地在心底印刻"我要变成这样"!同时自己也要通过不断尝试、不断经历失败,积累"我也能做到"的成功经验。

还比如观察一下善于经营人际关系的人、向优秀的领导者学习学习、模仿行为举止优雅的人等。我们应该看到好东西后加以实践,从而不断地更新自己的舒适空间。

仔细地观察站在自己目标位置上的人们,然后试着模仿自己觉得好的东西。也可以在行为上彻底地成为目标中的那个人。这样既能直接学习对方的言行,也能发现对方的不足和需要改进的地方。

经验是生存下去的食粮。不仅仅是好的经验,还包括那些失败、痛苦的,乍一看不太好的经验。凡事不试着经历一下,就不知道是好是坏。既不会懂得别人的心意，也锻炼不出洞察事物本质的眼力。

以经验为基础，可以孕育出好的想法，还能孕育出判断力、执行力、分析力、危机管理能力等一切生存的智慧。经验也是能带给人自信的。

30 岁后有所发展的女性对"未曾见过的世界"抱有积极的态度。她们希望什么都能见识一番、凡事都要经历一下，然后汲取这些经验。相比较之下，30 岁就止步不前的女性并不愿意从自己生存的世界中跳脱出来。所以，她们不会动用想象力思考"我想成为什么样的人""应该怎样去做"，也就无法继续成长了。

如果你想成为一名具有成熟魅力的女性，总的来说，应该试着积累各种经验。

积极地向一流的职场人士学习。

17

上帝赋予的失败是一种机会

失败在被跨越后能转变为力量

　　谋求发展的女性不惧怕失败。

　　也可以说，很多人没有想过自己会失败。

　　所以，偶尔她们会做一些出人意料的事。因为她们能大胆地采取行动，不会为担心失败而感到不安。

　　就算遇到挫折，也不会以"失败"而告终，她们会将失败与接下来的工作相结合，通过跨越失败来增长信心，继续成长、学习。

　　如此这般，跨越了失败的女性们灵活、优雅地成长着。

　　她们沉稳不乱，面对小小的危机只是说一句"没关系"；她们预知事物危险的直觉越来越灵敏；她们变得通晓人情，懂得体会别人的痛苦。

　　前面提到的人才派遣公司的专务董事宫之原明子女士（35岁）也是在25岁的时候遭遇了惨

痛的挫折。当时，明子承接了电影《侏罗纪公园》主题博览会举办期间的接待、向寻等一切与人有关的责任重大的运营工作。

她不理会周围人的担心，干劲儿满满地对大家说："没关系，我会想办法的，交给我吧！"就在她做好了工作服，员工培训也结束了，博览会马上就快开幕的时候，主办方公司竟然倒闭了。

由于入场券已经开始发售，所以博览会还是照常举办下去，公司在完全没有盈利的情况下，还要承担经费、支付工作人员的工资。最终赤字高达 1000 万日元以上。

"我当时特别消沉，把自己关在房间里一段时间。"明子说。我问她是怎样恢复过来的，得到了这样的回答。

"因为没有人为我做任何事。我意识到，这件事只有我自己想方设法去解决。我讨厌失败之后就直接认输。当时还很年轻，心里想着'自己怎么可能会输给这种事'。"

把自己关在房间里的时候，身为社长的妈妈敲门对我说："这样改变不了任何事！你待在家里也挣不到 1 分钱，所以快去上班吧。"我已经不想再看到那些画着恐龙的工作服，本想把它们都处理掉，结果不知为何都被家里人当家居服穿了；战战兢兢地参加之前非常反对那项工作的同事们的会议，大家都穿着恐龙的 T 恤微笑着迎接我……面对这样的好似故意惹人不快的激励，明子说："自己只能破涕为笑了。"

于是，在明子重整旗鼓、拼命经营之下，从第二年开始公司的收益大幅上涨，她用了 2 年左右就把低头向父母亲戚借来的钱全都还上了。

从那以后，明子就没遇到过重大的失败了，当时没有逃脱而选择自己处理好后续事宜的自信，还有与在艰难时刻支持着自己一路走来的人的羁绊，都成了一笔巨大的财富。

既然生存在世间，就一定会遇到失败。没有人未曾失败过。

特别是在成长过程中，挑战各种事情的时期，失败有时就像是游戏中的"奖励关卡"一样，突然来到你的面前。"那么你该如何做呢？"就像游戏中说的，如果跨越这个障碍就能获得奖励。如果从结果上看，你能觉得"这样做很好"的话，就能得到特大的奖励。

其实，比起失败，失败后的行动才是对职业人士的一种考验。如何突破这种局面会影响我们的人生。如果能承担起自己的责任，想方设法地解决问题，此后无论遇到什么样的困难就都不会受到阻碍了。

20 岁到 30 岁之间，是可以允许失败的时期。我们应该把这种权利当成是上帝赠送的期间限定的礼物，充分地加以利用。因为"不知道害怕"，于是可以到处横冲直撞；因为可以反复地重做，所以可以挑战任何事。

　　我们做过的事一定能化作自己的血肉。虽然有句话说："与其为了没有做而后悔，不如做了以后再后悔"，但是做过之后是不会感觉后悔的吧。这句话可以演变为："因为做了自己能做的事，所以不后悔。"

　　30 岁止步不前的女性，是因过度害怕失败而无法行动的人。她们同样也是失败后会推卸责任的人。还是因心理创伤严重而一蹶不振的人。

　　没关系，反正总不至于会死吧。失败并不意味着"失去"，我们只需转变心态把它看作一种"开始"，然后继续前行即可。

　　对于 30 岁仍在发展的女性们来说，没有真正的失败。

　　有的只是成功和学习的机会。

失败是一种必然。
并不意味着"失去"，
而应该看作"从这里开始"。

18

灰心沮丧，使人灭亡
在前进的路上学会接受不如人意的事

人生不如意事十之八九。这是理所当然的事，因为这个世界不只是围绕着自己转动。

30岁后继续向前发展的女性，是能够接受这些不如意的人。遗憾的是，那些在30岁就止步不前的人则接受不了生活中的不如意，或失去干劲儿，或牢骚满腹，最终因无法忍受而选择离去。她们会因事情未按照自己的预想发展而心情沉重、慌乱难安。

但是，把这种坏情绪继续下去也是于事无补的。

在出版社工作的后藤薰女士（化名，50岁）就曾经连续遇到过很多不如意的事。她很喜欢看书，梦想着成为一名编辑，于是就选择进入一所对口单位是出版社的短期大学的日本文学系学习。但是，毕业那年，那家出版社并没有录用新员工。

"我的眼前一片黑暗。当时上四年制大学的女生就业很困难，但是我无意中发现这所短期大学曾有人毕业后进入了我向往的出版社工作，所以才会一心想要进入那家出版社工作。"

于是，后藤女士不得不在此放弃成为编辑的梦想，应聘过其他几家出版社之后，进入了现在的这家出版社工作。"太好了！这次终于可以做编辑的工作了。"她为此兴奋不已，结果却被分配在总务部门。而且，那个时候，一般不会调动女性的工作，直到退休都在一个部门工作，这算是当时的惯例。

"太受打击了。明明是为了做出版方面的工作才进的出版社。我很是着急，希望能想出个进入出版部的方法来。平时一遇到不顺利，再看到出版部门的人都很春风得意，我就感觉既羡慕又失落……"

让后藤女士有所改变的，是出版部门前辈的一句话："绝对不可以这样消沉下去。谁都不喜欢看到萎靡不振的人。"

没错。整天哭丧着脸，也不会有人同情自己，大家都不想与这样的人一起工作。于是从那天起，后藤女士不再显露出郁闷的表情，也不再表现出想去出版部门工作的样子，一心在工作上迈进。

2年半后，她没有被调往出版部门，而是调到了负责与印刷公司进行沟通的制作管理部。在这里她也并没有消沉失落，又干了3年以后，平日在工作上做出的努力受到了认可，终于被分配到了梦想中的出版部门，这一年她26岁。

进入公司以后，已经过了6年的时间。

后藤女士成为编辑后第一次负责的，是她从高中时代开始就喜欢的作家的书。

"'太好了，今后就能开始做新的工作了！'当时的我特别有干劲儿。把自己的策划案委托给作家，当收到原稿的时候简直像是在做梦一样。"

后藤女士依次实现了很多前所未有的全新图书策划案。6年后她成了副主编，又过了8年以后晋升为主编。在这个过程中，同时完成了升职、结婚、生子、育儿。

"怎么会这样？"——在工作中，经常会遇到莫名其妙就超出预想的情况。比如被调动到意想不到的部门、后辈新人率先晋升、上司利用权力进行攻击，还有同事之间的倾轧、自己的工作成果不被认可、因病无法工作、工资下降和裁员、因家庭关系无法按照自己的意愿工作等。

这些事我也曾经经历过几次。

当遇到这些事的时候，我们会在一瞬间跌入谷底。有时也会在事情发生后不久被强拉进去。

但是，接下来有一道命题摆在我们面前："那么，你应该做些什么？"现在的情况已经无法改变。能改变的就只有自己的行动和将来。

为了事情能顺利进行下去，想一想如何将剧情反转过来，然后继续前行。不应该就这样结束，我们应该告诉自己：情况一定会好转，怎样做取决于自己。

只要有强大的信念，告诉自己"现在不是消沉的时候"，前进的动力就会越来越强。

当自己的信念越来越不坚定的时候，要强行给自己一个新的目标并制订出计划，不给自己沮丧的机会，这也是一个办法。

要想拯救一颗被拉进消极的失落情绪中无法自拔的心，与其把消极情绪清除掉，不如想一想接下来做些什么，然后用积极前进的情绪将其覆盖住。

为此，我们应该马上行动起来。有了行动以后，情绪自然就会发生转变。等待心情的好转是很浪费时间的，而且一直处在坏情绪之中也并不是什么好事。如何能在好心情中度过"现在"这一刻难道不是很重要吗？

在不遂人意的现实之中，一定也隐藏着我们应该学习的东西和某种启示。不要急于否定眼前的现实，先尝试着接受它。

"那么，该怎么办呢？""你是不是认真地想做这件事呢？"因为这些不如人意的事就像是人生对我们是否真心实意的一种考验。

与其把情绪往积极的方向调整，
不如先试着改变行动。

19

笑容拯救人类

在工作与生活中具有娱乐精神和幽默感

　　我很喜欢的一档深夜播出的电视节目叫作"新知识阶级熊楠"。

　　所谓"熊楠"指的是一群现代的研究者们，他们继承了被称作"行走的百科全书"的世纪知识分子南方熊楠的遗志，穷尽一生来钻研一个领域。这个节目的主旨就是向这些研究者们学习一些知识。

　　但是，节目中一些冷门的研究内容，甚至让人觉得"啊？这能算是研究吗"？比如，"熨衣服熊楠"在富士山山顶、或是一边被瀑布拍打一边鼓足气力熨烫衬衫；"田中宏和熊楠"指的是一名叫田中宏和的公司职员用报纸召集同名同姓的人，召开田中宏和集会，并发表田中宏和共同创作的书籍和歌曲；"寻宝熊楠"为了挖掘德川30亿日元的陪葬钱，花了几十年时间，像是扎根在深山里一样不停地转来转去。

"做这些是为了什么呢？！"看着他们做这些常人无法理解的事的身影，我相信不只是我从他们身上感受到了人性的魅力和从容的心态。

大家都非常喜欢这种带有几分潇洒的"娱乐精神"。

我们在工作中心里时常想着"这是为了……而做的"来追求目的与结果，但是如果生活中的一切都是这样有所企图，私生活也在追求某种好处和效果，强调"为了生活""为了取得资格""为了相亲""为了积累人脉""为了将来"等的话，人就会变得贪婪，活得很累。

由此可见，为了能活出点"人样"来，"玩"这种适度的放松是十分有必要的。

对一直以来拼命努力工作的女性而言，没有富余的时间去玩的人太过认真，有时对人很苛刻，当遇到障碍的时候会苛责自己，很容易就会崩溃。

令人感到意外的是，同为努力工作的女性，在工作和生活中需要"娱乐""幽默"和"乐趣"的人则表现得比较强韧。即便出现了错误，她们会自我解嘲，她们了解如何转换情绪、克服障碍。

特别是在艰难的时期，人们会被笑容解救。

其实，认真的女性很少会放松精力，但是至少在工作和与人交往时能忍不住扑哧一笑，具备这样的略显滑稽的顽皮之心又有何妨？

在允许的范围内装饰一份企划书资料、在员工生日的时候制造一些惊喜、写一张带有幽默感的留言条、用一件能引人发笑的文具……

在私生活方面，要是也能拥有一项与工作毫无关系、能让我们乐此不疲的兴趣那该有多好。比如，艺术鉴赏、创作、旅行、料理、体育、木匠、钓鱼、单口相声，等等。

娱乐可以滋润干巴巴的心灵，让我们从工作和生活中得到释放。

越是因家务和照顾孩子没有时间的人，就越需要给自己留出一些稍微离开的时间。利用清晨时间或者忙里抽闲，拥有一些只为自己的"独处时间"，心境就会从容许多。

无论是工作还是生活，适当的娱乐和闲暇时光能为我们的发展提供更大的空间。如果总保持着箭在弦上的状态，不定在何时弦就会断掉。

偶尔卸下肩上的担子放松放松吧，也许还能看到一直以来未曾留意的东西。

说起来，日本人经常被人说过分认真，不擅长娱乐。

但是我绝不这样认为。因为日本的各种传统技艺都是从平民百姓的娱乐中衍生出来的文化。其实日本人是特别喜欢娱乐的。

在工作方面也是，一直到十多年前为止，公司还会举办以家庭为单位参加的运动会，公司职员一起去旅行时大家表演余兴节目来助兴，大一点的公司还会举办夏天的庙会庆典活动。

受到外资企业的影响，还有业务的效率化和经济方面等原因，"娱乐"从工作的场合中消失了，这也是近几年发生的事。

每个人都喜欢"娱乐"。

现在正是需要"具有娱乐精神的女性"的时刻。

留心在工作中寻找"笑点"。

20

"非分之想" 产生力量

暗藏野心

前几天，和曾经的杂志编辑同事，M 小姐（33岁）、K 先生（32岁）出去喝酒聊天。我离职后，K 先生跳槽，现在他们二人分别在不同的编辑公司工作。出版业一直状况堪忧，K 先生一直在发牢骚。

"从根本上说，我们公司的做法就有问题。"

然后 M 小姐冷不防地冒出一句："我总有一天要当上社长，改变一下公司的经营方式。"

"啊？！你是认真的吗？你可是女的啊（这句话明显带有偏见），当社长岂不是更累。"K先生很惊讶。说实话，我也对平时踏实谦虚的 M 小姐竟有如此野心感到很是意外。但是，M 小姐却淡定地说："拼命努力一次多不容易，当然做就要做社长喽。"

我觉得这种心态的不同，可以体现在这两个

人的工作方式和言谈上。他们都很努力，但是却有某些不同之处。到底是哪里不同呢？我想了想，应该是 M 小姐就算有什么事办得不顺利也绝不会为自己找借口，而且如果有工作上的问题或跟她商量点什么，她都能马上作答。

K 先生在遇到不顺心的时候，就会把责任推给别人，"我自己觉得应该……但是公司却说……"。问他一些问题时，他也不会马上回复。

志向的高低，自然会体现在言行上。在"想当社长"的 M 小姐身上，已经能感觉出社长的一鳞半爪，3 年后，恐怕两个人的地位会大不一样吧。

只要活着、只要我们在工作，就一定会产生"总有一天我想成为……""我想更……"之类的愿望。

想象是自由的，并不会给谁带来麻烦。

所以，我们可以尽情地发挥想象，打造一个理想中的自己的形象。

有野心的女人很强悍。通过这种志向无时无刻地激励、不停地描绘着理想愿景，理想就会离现实越来越近。

最重要的是，有一些野心之后，无论是工作还是生活都会更有乐趣。

30 岁后还能有所发展的人，在内心深处总有一种蠢蠢欲动、静静燃烧着的野心。

就算有人说自己"没有长期的目标"，也不会有人说自己"没有野心"。我们都在内心的某个地方自由地畅想，比如"有一天我能成为这样的人就好了""好想过这样的生活啊"。

而在 30 岁就止步不前的人，会在"这种程度"的现实领域中谋求稳定。

或是自己给自己设限，觉得"我就是做这个的人""不可能能做到那个地步"；或是说什么"人应该谦逊地活着"，给不敢挑战的自己编造理由……

其实自己明明有这个能力，却浪费掉了。

我也一直默默地有着自己的野心。

当我以新闻记者为目标的时候，脑海中描绘的是飞往全世界采访的形象；开始写书的时候，想象着自己的书展示在畅销书柜台的样子；想在国外生活的时候，就想起村上春树的游记《远方的鼓声》，想象着自己一边旅行一边写作的样子。

在词典中，"野心"被解释为"非分之想"。的确，这种"妄想"在刚产生念头的时候都不好意思对别人说，自己也会觉得有些可笑。

但是，我也切身体会到，如果一直都能重视这样的野心的话，"非分之想"会离自己越来越近，总有一天能变成现实。

人类的欲望是无穷无尽的，但是不应该否定"做想做的事"和"追求想要的东西"的想法，不管自己行不行都试着去调整一下吧。

只有自己能创造出人生这部戏的剧本。

无论做什么事，
都应该想着"好不容易做一次"，
享受"妄想"的乐趣。

21

掌握所有世界中的通用规则

能够完成"理所当然"的事的人值得信任

工作中的"理所当然"的事，是作为一个职业者应该遵守的规则。

具体说来，包括对人问候、遵守时间、遵守规矩、"报联商"（报告、联系、商谈）、有录音电话打进来的时候立即回复过去、对年长之人和客户要用敬语、有联系事项时写在便笺上、学会归纳整理等。

大部分工作，基本上都是由一些理所当然的事组成的。

越是能认真完成理所当然的小事的人，就越值得信任，可以把重要的工作或者领导的位置交给他们。

能完成"理所当然"的事的人，是能让人放心的。

另外，经常有人因不去做那些"理所当然"的事而令人失望。

"理所当然"的事很简单，如果想做的话每个人都能做得到，所以在周围人看来"能做好是理所当然的"。如果做不到的话就会被人看作"没有常识的人""不认真的人"而遭到众人冷眼相向。无论工作能力有多强都无法受到信任。

女性到了 30 岁，也应该具备这些常识了。但是出人意料的是，事实却是很多人都做不好那些看似"理所当然"的事。有些人习惯了敷衍了事，有些人则根本没意识到自己没有做好。

比如，打个招呼都不看对方的脸，只是点个头就过去了；都打算做了的事，却因各种琐事耽误了"报联商"，正想着"再等一下、再等一下"的时候，结果被人催促道："喂，那件事怎么样了？"

其实，死守"理所当然"的事是很难的。

在此，我有一个建议。

因为我们是带着"不做不行"的义务感去完成这些规则的，所以会觉得很无聊，做不到。不可思议的是，如果按照自己的意愿主动去做的话，就不会感觉疲惫。

既然无论如何都要完成这些事，与其理所当然地完成"理所当然"的事，不如把目标定在"超出理所当然一厘米"的地方。

比如，打招呼的时候"微笑着抢先问候对方"；"报联商"的时候，也要积极地往稍微好一些的方向去努力，如"越早越好，先在部门内部进行沟通""比约定时间早 5 分钟到达"。把这些都当作小小的挑战加以尝试吧。

"超出理所当然一厘米"的行动，会比想象中更令人感动。

如果没有完成"理所当然"的事，或是无意中忘记了做"理所当然"的事，那么坦诚地说一句"对不起"就可以了。重要的是，能在不勉强自己完成这些规则上下功夫。

不把"微不足道的工作"放在眼里的人，也是不值得信任的。

如果你认为复印、扫除、沏茶、文件归档、会议记录、撰写报告书等"这么没有意义的工作不归我管""大家都会做"的话，那么在这里也向着超出周围人的期待一厘米的方向努力吧。这样能显示出"虽然这些工作大家都会做，但是我的工作状态有点不同"。

不过，如果在没受到期待的事上用力过猛的话，反而会被人说："我并没有要求你那样去做"。

在任何事上都要追求完美的话是很累人的。确认过对方的期待后，只超出一厘米便可。而对于没被期待的部分，可以适当地省省力气。所以，读懂别人的期待很重要。

不要说"不得不做……"，而是说"来做……吧"，先从语言开始改变吧。

对于一个可以移动到任何地方的工作者来说，"理所当然"的事和"微不足道的工作"是基础。无论是专业技能，还是作为管理者的能力都要凌驾在这个基础之上。重视"理所当然"和"微不足道"是女性继续发展的条件。

小林一三（阪急、东宝集团创始人）曾说过："如果上司命令自己做收拾管理鞋子的人，那么就要成为日本第一的管鞋人。这样一来，谁都不会把你当作一个普通的管鞋人了。"

这世上不存在没有意义的工作。

无论工作内容是什么，有份工作就已经值得感恩了。

自言自语的时候不要说"不得不做……"，
而是"来做……吧"。

22

复合性比专业性更重要

提高附加值，打造独创世界

前些日子，与当婚礼策划师时的上司 U 君重逢了。

我做婚礼策划的时候是 15 年前左右，那时各地方正值创意婚礼流行的初期阶段。

当时，为了让参加婚礼的人能喜欢上婚礼仪式的演出、会场布置和背景音乐等，针对新郎、新娘的特点，我制定了各种企划案。

而 U 君则恰好与我同龄。因为父母的公司倒闭了，所以他买下了婚庆的部门，当上了社长。据说后来他把公司的几千万借款都还清了，还赚取了当时数倍以上的收益。

想到这 15 年来，我在为了别的工作忙东忙西的时候，他却勤勤恳恳地在婚庆这一条道上走了过来，我心里感慨颇深。

但是，据他讲，受到不婚、裸婚化的影响，

肯在婚礼上花钱的人越来越少了。U君觉得"这样下去公司是没有发展的"，于是他开始拓展抗老美容事业。现在，公司拥有自己的店铺和产品，充满活力地发展着，并且还在计划拓展海外业务。

　　随着时代的急剧变化，世间的需求和公司内部的状况都瞬息万变。"我只能做这种工作""我想做这件工作"——有这样的想法是不会有工作的。

　　企业也需要复合型人才。

　　或许"可以做各种工作的人比较好用，对公司的贡献大"也算是原因之一，但是主要在于复合型人才的协调性比较好。

　　很多想做技术员或工程师的人，最开始会被分配到销售、经理和市场等部门。因为比起只关注自己专业领域的人来说，能从宏观的角度看待问题的人或是可以站在对方的立场考虑问题，或是能了解眼下的需求并且灵活地加以处理。

　　总之，只有三条路可以帮助你提升自我价值并将其品牌化。

　　①努力成为某一个领域的顶尖人物。

　　②做没有人去做的事，以稀缺价值为目标。

　　③将核心技能与自己的附加价值相结合，打造一个独创世界。

　　其中①算是比较坎坷的一条路。

就像是体育选手以第一为目标一样，在自己的专业领域，从众人之中脱颖而出并非易事。需要与相同立场的竞争选手持续战斗下去。

而②的感觉，在任何工作中都很有必要。比如在职场中做一些谁都没做的事，或者是谁都不愿做的事，就会让人刮目相看。

与其往大家都去的方向走，不如走向没有人去的方向，在没有竞争的世界中会有自己的一席之地的。

本书前面提到的金森理香女士就是在基本没有竞争对手的各地方城市开了美甲店并获得成功。后文即将提到的井后史子女士是在名为网购代理的新系统上取得了成功。

很多被称为成功者的人，都是在没有人的方向上前进的人。

只是，这需要具备能够读懂时代和周围需求的天赋和不拘泥于一件事的多样性。

③是生存在现代社会所需要的现实、灵活的方法。

比如销售一职可以分为"有僧侣资格的销售""发行自办报纸的销售""会手语的销售"等，通过各种附加价值来加以区别。

仔细观察目前的状况就会有所发现："这事我会做！""要是会做这个就好了。"

做买卖也是如此，如果没有与其他店铺的区别之处的话，久而久之客人就不会再来了。在自己身上寻找：①能让别人快乐的方面；②自己擅长的方面；③与众不同的方面（缺点也可以变成卖点），在身边注意观察寻找；④没有人在做的事；⑤日后会产生需求的事，这样一来就能提供自己独一无二的服务了。

30 岁后的女性，不能只做大家都会做的工作了。

着眼于
"别人不做的事"
和
"别人不愿意做的事"。

23

如 "石上三年" 般坚持

工作三年步入正轨

"石上三年"（译注：再冷的石头，坐上三年也会变暖。是鼓励人坚持的一句谚语）是我们常说的一句话，我感觉所有工作也是以三年为一个段落的。

工作经验满三年以后，就能作为实际经历受到认可。经理、秘书、编辑、设计、程序员、教师、护士等，无论是何种职业，通过经验的积累，从第三年左右开始，就能稍微挺起点胸膛来对别人说："我是在这方面比较专业"了。

"第一年什么也不懂。第二年开始了解一些，第三年开始步入正轨，第四年终于明白应该怎样去做了……"柚木舞子（化名、27 岁）在建筑公司做室内改装的销售员。从大学的住宅方面的专业毕业后，舞子以一名普通行政职员的身份进入了公司。

当时在公司里，行政职位的女性在结婚生子后就会辞去工作。舞子说，看着这些"新娘职员"，"无论结婚与否，我打算一直工作下去。我觉得如果自己不接触社会的话，宅在家里会变成废人的。（笑）所以，当时的我就在考虑如何成为公司需要的人，能把工作一直干下去呢……"

于是，她利用上下班路上的两小时学习，在做行政工作的8年里考取了二级建筑师、装修协理、福利居住环境协理的资格，甚至连一级建筑师的资格都拿到了。29岁的时候转到了综合职位（译注：在日企中，综合职位承担着做出综合性判断的重要业务）。

公司派给舞子的并不是建筑师的工作，而是做室内改装业务的销售员。

公司的惯例是，综合职位的人必须从事半年到两年不等的销售业务，舞子说：'我当时已经做好准备做销售员了，对公司能任用我充满了感激'，于是她信心满满地开始了销售员的工作。

但是，最开始的第一年业务成绩没有提升，实际任务只完成了目标的一半以下。

在完全没有任何销售经验的情况下就被安排在这个岗位上，当时的她完全不知道什么事应该怎样去做……

"那可真是痛苦啊。某本书上曾写过，痛苦的时候就要笑一笑，所以我就试着对着天空微笑。还有不是都说常在外面走走会碰到意想不到的幸运嘛，我就试着走出公司，漫无目的地到处走。"

就这样，空有一腔热血的日子持续了一段时间后，她在第三年迎来了转机。舞子在新上任的团队领导的陪同下去处理自己负责的房产。当看到领导非常轻松地就让对方签下了合约，"什么嘛，原来这样就能成功了——感觉突然就轻松了起来。因为在那以前我都不好意思直接说出'请和我签约'这句话，一直都很苦恼。"舞子告诉我。

领导还对我说："没关系，你一定能做得到。"这也给她带来了信心。第三年，舞子在工作上开始有了感觉，能够完成目标任务了。

"销售的工作曾经让我感到很痛苦，但是也得到了很多客户的关照。在人生中，很少会有这种能与个人见面接触的工作。与人接触让我感觉很快乐。"

第四年，因半年就完成了1亿日元的销售任务，舞子受到了公司的表彰。在公司中，这可是作为一名女性销售员的史无前例的壮举。因为切身感受到了销售工作的乐趣，所以在上司让我去做设计的时候，我犹豫了，甚至搁置了一次机会。

"大概是因为当时我觉得签约相当于是对自己的认可吧。"

现在，已经是舞子担任一级建筑师、负责设计方面工作的第四个年头了。

"我还没有看透'设计'到底是什么。"舞子非常谦虚。

"自己并没有长期的目标。但是我希望能在工作中发现公司对我有着怎样的期待、我怎样做才能更好地回应这种期待。我想做一个对公司有用的人。"

在任何职业中，要想做到这点都需要 3 年时间……

也有不少人会因在工作上没有突破，以自己做不了这份工作为由而选择辞职。

但是，既然前方有目标，不如就试着坚持三年看看。如果能沉静地忍耐，总能迎来突然步入正轨的那一刻。

那时，你一定能看到和现在完全不同的世界。

就算到时候再转变方向也为时不晚吧?

无论什么工作
都不要凭着喜好来选择，
请先试试看再说。

24

乐于承担起要职

地位使人成长

"一些小的工作可以放心地交给女性去做，但是一旦想交给她们需要承担一点责任的任务和职位的时候，她们马上就会打退堂鼓。"

"如果有机会的话我也想把管理层的职位交给女性来做，可是她们之中没有能用的人。"

"公开选拔管理层职位的时候，都没有女性举手。"

这些都是企业的社长、部长们的苛刻言论。虽然这种把"女性"一概而论的看法有些草率，但是日本在管理层任职的女性的确没有任何增长。

据厚生劳动省的调查（2009）显示，在系长以上的管理层职位中，女性的比例占 8.0%。而对管理层中女性较少的原因所做的调查显示，60.7% 的人认为"因为目前没有具备管理层所需知识、经验和判断力等条件的女性"，25.3% 的人认为"因为没有女性能达到进入管理层所需的在职年数",19.9% 的人认为"因为女性不想去做管理者",11.8% 的人认为"因为女性需要承担很多家庭方面的责任,所以就无法再担负起有责任的工作了"。

就我的经验和对企业领导者的采访来看,一般而言女性在 20 多岁的时候会让人觉得"能干"。说话严谨,具备一定的沟通能力、工作准备做得也很快,这时的领导经常会说:"男生不行啊,还是把工作交给女生比较放心。"

但是到了 30 岁左右,对男性和对女性的评价就完全颠倒了。

这是为什么呢?难道不是因为 30 岁后停滞不前的女性,工作上从一开始就没有想要进入管理层或是立于人上吗?

一个人有没有进入管理层的想法,在言行上的表现会有很大区别。

于是,女性就有了这样的评价:感情用事、没长性、视野狭窄看问题不全面、只主张权利而回避责任、喜欢用好恶来评判工作或是人等。

而对于那些任何工作遭到批评都要一忍再忍,连进入管理层这种事都身不由己的男性来说,这样的女性有时也会让他们感觉太骄纵任性了吧。

另外,不少有干劲儿的女性即使进入了管理层,工作起来也并不顺利(当然也有人很顺利)。而男性的情况则是,从年轻时就以身边的管理层职位为目标，自然而然地就被培养出了领导的资质，进入管理层以后也比较容易受重视。

但是很多情况下，女性管理者则没有可供参考的对象，"自己也不知道该怎样做"。再加上"不知道应该如何与周围人接触"，始终都处于一种战战兢兢的状态。结果，女性们在拿不出任何对策的情况下，因"什么都不顺利"反复陷入苦恼之中，然后觉得"自己还是无法胜任工作"而主动脱离"战线"。有时结局还会就像"龟兔赛跑"一样，被身后缓慢而来的男性赶超了过去。

总之，女性要想做好管理层的工作并不容易。

也许有时会感到胆怯，尽管如此，我还是希望大家能具备愉快地承担起管理者职务的度量。

因为这是个人发展的重大机会。我们可以利用这个机会发展自己的各项能力，如统率力、判断力、指导力、自我控制力、沟通能力等。既能拿到钱，又能学这么多东西，这种好事恐怕没有其他了吧。

另外，不仅仅能促进个人的成长，这也是提高公司里的女性们和社会整体意识的好机会。要想创造一种能让包括自己在内的女性便于工作、兼顾家庭的环境，进入说话有分量的管理层便是捷径。

前面说了很多女性的缺点，但是女性也有很多好的地方。女性做事灵活，工作上很认真周到，擅长注意一些细致的问题。想象力也很丰富。重要的是温柔、有体谅人之心。

作为一名领袖，这些特点是非常加分的。

年龄增长，意味着社会责任逐渐在变化。

如果有工作能力，必然责任就会有所增加。任何工作做久了以后，总满足于同一舞台是很无趣的事。从开始就将管理职位纳入自己的视野，努力地去打动身边的人吧。向上、再向上……我们为何不去勇敢地挑战下一个舞台呢？

在工作中，
将进入管理层纳入自己的视野中。

25

不要以"像身边人一样"为目标
用自己的长项取胜

　　明明既有上进心又有能力，却在 30 岁左右止步不前的女性之中，有一群"为了像身边人一样而努力"的人。

　　女性本来性格就非常认真，再加上公司如果要求"像男人一样""像前辈们一样""像前面的例子一样"的话，女性们就会为了不辜负期望而努力。

　　有不少人拼命努力后，最终都以失败而告终，就像紧绷的线会突然断掉一样。

　　看着这些前辈们的身影，有人就会觉得"希望能在更稳定的位置自由轻松地活下去"，由此可见，有些女性以行政工作、派遣职员或是职业主妇为目标，这也是无可厚非的事。

　　我也曾有过很痛苦的回忆。

　　在当优衣库店长的时候，经常被人教育的一

句话就是："如果不能和男性店长一样地工作，是无法胜任女店长一职的。"

我听从了那句话，"像男人一样"地努力过。为了不麻烦别人，沉重的货物都尽量自己来搬、在店内来回巡视、"欢迎光临"喊得比谁都大声、加班到深夜等，所有的言行都以"体育会学生"（译注：体育会，日本学校的体育组织）为榜样。

当然，由于一再地勉强自己，导致身体变得虚弱不堪，精神上也出现了问题。

就在我忍耐到极限的时候，决定修改自己的路线："这样下去身体会垮掉的。放弃自己做不了的工作，在自己的路线上找些擅长的事来做吧。"于是，我以提供"日本最亲切的待客服务"为目标，还向员工们传授了我的前一份工作——做福利设施的接待员时培训的待客礼仪和关怀之道。比如，当客人手中拿有商品的时候，马上把试衣篮递过去；看到客人四下张望的时候，立刻过去询问顾客的需求；还有最重要的微笑式服务等。

于是，与"像男人一样"努力的时候相比，我还受到了上司的表扬："不愧原来是做接待工作的。"并且还被任命为负责地区新员工培训的店长。

无论男性还是女性，每个人都有自己独特的个性和擅长做的事。

但是，组织或上司不可能一一确认、调配这些能力，他们只是希望大家都具备符合组织要求的、具有普遍性的理想形象。

所以，从某种程度上讲，在尝试过理想形象的路线后，就应该不断地推举自己，如"这件事我能做！""用这个方法怎么样""这样企划如何"，等等。如果这些建议能对组织有所帮助，相信上司会给予认可的。

30岁以前，通过对包括自己不擅长的事在内的各种挑战，也能锻炼工作的基本体力和平衡能力，并且有助于成长，但是30岁以后，则是我们利用自己的长项制胜的时期。

从"广而浅"到"窄而深"。放弃自己不擅长的事，把这份精力用来发展适合自己的精准目标。只要在组织中打造"自我路线"，就能增加自信，找到自己的位置。

其实在工作方式上，也没必要追求"像周围人一样"。

经常听到有人说："公司里没有一个让我想向其学习的'榜样'。"比如没有一边照顾孩子一边继续职业发展的人，即便坚持着工作，看上去精神方面也很有压力。

但是，"榜样"的存在并不是必不可少的。

也没有规定谁必须当"榜样"不可。

时代和公司的体制都在改变。斟酌一下自身的想法和情况，然后朝着"自我路线"努力即可，比如提出"在这方面我想这样去做"。

　　当然，要想实现这点的重要前提是，成为所处环境中必不可少的存在。为了能使自己的想法得到认可，就要尽可能地拿出相应的成果和提升自己的人格魅力。

　　不断在"自我路线"上前进的权利，是与在工作的位置上所提供的价值交换而来的。可以说，这一条适用于如公司职员、自由职业者、经营者等的一切职业。

　　　　　　　　不要"面面俱到"，
　　　　　　　　也要注意取舍。

26

利用信息，而非受信息摆布

时刻用自己的大脑思考

　　某位具有影响力的名人曾经说过："读的书越多，人就越傻。"这句话的意思大概是在说"因为一味地听从书中的教导，而丧失了自己思考的能力"吧。

　　我从小时候开始就很喜欢看书，同时自己也在写书，对这个观点不敢苟同。

　　儿时由绘本幻想出了一个未知的世界，小学时痴迷于推理小说中对事件真相的揭露。长大成人以后，在超越时空的哲学与文学之中了解人类、接触到了许多一流职场人士的思想，学到了有效的工作方式……

　　书可以传递来自一般人生活中接触不到的世界的信息，锻炼我们的想象力。如果没有书的话，我的人生就会完全不同了吧。

不过，正如这位名人所说的"人会变笨"，无论看什么样的书，最终都需要我们用自己的大脑来思考问题。

即便是优秀的伟人说出来的话，很多时候也并不适用于我们自己。就更不用说如果在那些问世后马上就又消失了的出版物中，囫囵吞枣地看了"女人的幸福是……""钱不要存进银行，请交给……'"请在×年之内辞职"等文章，被别人的价值观洗脑了的话，事情就会变得很严重了。

与其把书当作"老师"，不如在读的时候把它当作"前辈"和"朋友"。应该在平等的立场上，享受与之闲聊的乐趣。比如：

"现在我很烦恼，你觉得我应该怎样做呢？"

"哎——原来还能这样想啊。我的看法却有些不同。"

"同感！看来我做得没错。"

说到底，自己应该占据主导位置。在自己的道路上前行的时候，偶尔找书聊聊，从书中汲取一些能量——这样想不也很好吗？

另外，我们也应该对电视中传递的信息和评论员们的意见提出自己的质疑："等一下，真相到底是怎么样的呢？"然后用自己的双眼看穿事物的本质。因为，其实很多媒体或是说些不负责任的话，暗中隐藏着赞助商或当权者的意图；或是采取一些引诱观众、读者上当的招数。不要为了杂志上刊载的"现在需要买这个""必须要去的地方"等讯息或商场举办的清仓打折活动而东跑西窜了，试着思考一下自己是否真的需要。

在职场中，30 岁后大有作为的女性们都在做着用自己大脑思考出来的工作。相比之下，30 岁就止步不前的女性们只是盲目地相信上司说过的信息，一味地言听计从。这并不是老实听话，只是缺乏思考。这样也不利于社会的发展进步。为了能用自己的头脑思考，请试着偶尔问问下面几个问题。

1."这是真的吗？"

尝试质疑一切信息（只相信自己亲眼所见、确认过的事）。

2."究竟是为了什么？"

有时事情会偏离本质，应该回归到根本的目的上进行考虑。

3."试着换个角度看看？"

不仅站在自己的立场上，要从各个角度进行验证。

4."还有没有其他的方法？"

方法有很多种，收集信息然后找出最佳方法。

5."到底是怎么回事？"

有时真相就隐藏在看不见的地方，也要考虑对方说话和行动的原因。

例如，如果上司说："最近好像很流行用微博招揽客人，要不如咱们也试试吧。"

　　按照上司所说的直接去做是很容易的事，但是其中也会产生一些疑问，比如"这个方法真的能招揽到客人吗""为了成功需要用什么方式来做呢""有没有负面影响""在网上有没有其他招揽客人的方法""等一下，这会不会又是老板一时兴起的话呢"。整理准备好该办法好处和坏处方面的评判材料，这样也就可以对上司有理有据地解释了。如果是我的话，比起什么都不想就直接去做的属下来说，会更信赖说出自己的意见然后行动的属下。

不清楚的事要靠自己来确认。

27

计划是想象力

"Why""What""How to"+"自言自语"

安土文子女士（53 岁）很擅长做菜。味道自不用说，最打动我的是她高超的料理技巧。

在开放式的厨房中，开心地与人交谈，同时端上一道道精美的菜肴。而且，一边做饭一边收拾，所以厨房总是干净整洁的。

我想如此麻利的手法肯定是专业人士，果然，文子女士曾经有过在中国台北的一家面向日本人的长租型酒店中做过一年半的早餐等经历。

据她讲，这份工作需要一个人烤鱼、做煮菜、煎鸡蛋等，用 2 个小时做 6~7 道 40 人份的日本菜和 6~7 道多人份的西餐。而且餐厅不是自助餐的形式，她还要负责每个人菜品的盛盘摆放；为了给客人新鲜感，每天都要变换菜单。

我问她，这么多事一个人做得过来吗？

"刚好能做完。但是在这 2 小时之中，如果有什么意外发生的话就完了。就算操作中断 10 秒，也会一片混乱，是来不及把菜端上桌的。因为有些客人来得很准时，所以我鼓足了劲儿一定不能晚。"

文子女士的准备工作分为：

1.决定菜单。

2.把必要的食材准备齐全（在前一天的下午之前）。

3.预习计划（一直到睡觉前）。

4.实际操作。

第 3 个步骤是最麻烦的工作，据说至少需要 1 个小时以上。

一边做煮菜一边烤鱼、切菜……将这两三件事同时进行的 2 小时工程乃至细微环节也要全部在脑袋里预习一遍，确信"好，这样就能成功！"之后再睡觉。于是，第二天不用左思右想，身体自然而然地就知道该做什么了。

"每次一想有人在等着吃饭，我都无法休息。我自己觉得每天都很努力。这些经验和在那里遇到的人们都是宝贵的财富。"

在异国他乡，也能品尝到美味的日本料理——文子的手艺得到了这样的评价。酒店里总有很多日本的商务人士光顾。

无论何种工作，要想在有限的时间内拿出成果，就需要做一些计划（准备）。

所谓计划，就是预测未来的想象力。如果无法"预测未来"，在漫无计划的情况下开始工作的话，或浪费时间和劳动力，或发生突发事件，之后就会陷入一片慌乱之中。

无论是细小的工作，还是重大项目，可以按照下面的4个步骤做好计划。对于达成各种目标的准备也很有效。

1."为什么做"（Why？）

确认工作的目的。因目的的不同，完成后的形式、工作的方式会完全不同。

2."想做出什么样的东西"（What？）

具体地想象一下完成后的状态，尽量描绘得明确、详细。

3."为此需要做些什么、怎样做"（How to？）

把完成第2项所必需的东西和工作、联络、确认事项、问题点等需要做的事情列出来。

4.安排日程、执行

将第3项中列出的事按照时间顺序排列并预习。接下来就只剩下落实到日程表中执行了。

另外，在制订计划的同时，"自言自语"很重要。

"喂，要是发生这种问题的话，该怎么办呢？"

"不确认好这一点的话，难道不会担心吗？"

为了不让自己落入陷阱之中、防止栽跟头，预测可能出现的问题，然后填上或避开陷阱就无碍了。

如果只往好事上想象的话，一旦发生"万一"工作就完不成了。不要在最后关头掉以轻心。"差不多就可以了吧"——这种想法是致命的。

时常具备危机管理的意识，比如"做一个稍微宽裕点的计划""准备好备用的工具""对于可能会有危险的部分，提前想好补偿应对的方式"等。

为了"最好地工作"，准备"最坏的打算"也是有必要的。

不要忽略预习。

28

提高察觉能力

成为"想人之所想"的人

何为"出色的女性"呢？应该就是那些被人称赞"有眼力见儿"的人吧。

换言之，是那些不用别人多说也能把事情做得很好的人、能抢先一步"想人所想"的人。

比如，不仅仅会给客人倒茶，还在大家刚要觉得客人又该渴了的时候，唰地送上下一杯茶的人（尽量选择其他种类的饮品）。

再比如，当我说："完了，应该把这个月的销售合计报给总部了"的时候，若无其事地对我说："因为看您比较忙，所以我就先汇总好了"的人。

还有，让其担任忘年会的干事，不仅把会场预约好，还能帮我想出一些助兴节目的人。

这些机灵的人，会在不知不觉中训练自己——有意识地察觉对方的心意和状况并感知即将发生的事。

一个察觉能力、洞察力很强的人，从别人的表情上就能知道他想说什么，就如"闻一知十"一般，从一点点预兆中甚至能推测出很久以后发生的事。特别是在上了年纪的女性中，有些人具有惊人的察觉能力。因为女性直觉是很敏锐的。

20 多岁以前，我曾是个完全"没有眼力见儿"的人。

无论眼前有垃圾掉在了地上，还是有人双手搬着大件行李，我都呆呆地仿佛没看见一样，直到被人提醒，或是谁伸手去帮忙我才能恍然意识到。

当时，自己觉得这大概是自己"呆萌"性格的问题，但是又好像并非如此。其实，只是没留意周围的事。

"咦？怎么了？""怎么回事？"——面对眼前发生的事，只要自己能留心一下，就可能成为"有眼力见儿"的人。

我们可以用服务精神来弥补"眼力见"和"察觉力"。

所谓服务精神，指的是渴望让他人高兴的心意。站在对方的立场上，想一想对方的需求是什么，自然就知道该怎么做了。

重要的是，要对身边的状况抱有兴趣。如果"对周围的人和他们所做的事完全不关心"的话，是察觉不到别人的需求的。

可能是工作性质上的关系，我要与别人见面的时候，会尽可能地收集这个人的很多信息，包括他现在的工作、出生地、兴趣爱好、家庭情况等。如果他出过书或是有博客的话，我会找到看一看；或者若无其事地问问与之相关的人。

然后，当实际见面的时候，我会从这个人的整体氛围、表情、谈话内容等方面，了解他"重视什么""对什么感兴趣"，如果是工作方面的话，就要了解他"在追求什么"。

如此一来，我可以说"若是这样的话，我可以帮你"或是"下次见面的时候我给你带来……"，这就创造出了后续发展的机会。

30 岁后持续发展的女性，都是在锻炼自己察觉能力的人。

不可思议的是，"察觉能力"并不会因年龄的增长而衰退，反而会因经验和信息的不断积累而越发地敏锐。

我们逐渐能够洞察各种事，包括自己 20 多岁时没有发现的东西，还有"这个人想说的是这个意思""他期待的是这件事吧"，或者是"虽然表面这样说，但其实真正想法却并非如此""这件事还有其他力量在运作"等。

相对而言，30 岁止步不前的女性则不注意身边的事，处于"只看自己想看的事、听自己想听的话"的状态。

她们表面上看好像是在看着对方、听对方说话，但其实却在想自己的事。

如果明明没有在听对方说话，却频繁地提到自己、把对方与自己进行比较，或者表露出一些用自己替换对方的意思，这时就需要注意了。

　　这些女性观察人的能力和察觉能力会越来越迟钝，与锻炼自己察觉能力的人之间的差距，也会随着年龄增长而逐渐加大。

　　要成为哪一种人——这只取决于你的一点点用心。

　　先不要考虑"做一些有眼力见儿的事"，从用心观察身边开始做起吧。

想想别人的行为是"为什么"。

29

不加班出成果

"现在我在做什么"专注于眼前事

乘坐东京都内接近末班时分的电车，就会发现很多上班的女性，脸上的妆都花了，无精打采、一脸疲惫地钻进车厢里。

我很想对她们说："到底要工作到几点呢？早一点回家吧。"但是也非常理解她们的心情。

如果能早回家，当然会早回去。但是工作没有做完，上司和前辈们也都在加班，所以回不去……

在人生中，也需要有一段为工作奋斗到底的时期。特别是在 20 多岁的时候。

但是，也需要在某些方面给自己减减负。如果不这样做的话，大家就都会深陷"疲劳地狱"中无法自拔，直至自己精疲力竭。

30 岁后有所发展的聪明女性们，在某个阶段会意识到"这样下去不行！"然后把焦点从"时间”转移到"成效"上。

同时，也有些女性无论过多久，都还是处于被时间追赶的状态之中。

30 岁就止步不前的女性，做事不求效率，做不到缩短时间。

如果想拥有长期有持续性的职业生涯的话，请尝试执行下述"不加班出成果的五个方法"吧。

重要的是决定"今天必须按时回家"。

1. "不做也行的事就不要去做了"，彻底地节省浪费的时间

重新研究一下就会发现，有很多事都是不做也可以的。试着想一想，那些按照惯例和臆想一直在做的事和冗长拖沓的会议及碰头会都真的有必要吗？如果一蹴而就地改变有一定困难的话，那就朝着一点点地解决的方向努力。多次确认邮件再回信的时间也是一种浪费，设定好一天两三回的邮件时间吧。

2. 节省查找时间的归纳整理

到处查找物品、资料、电脑文件等是最浪费时间的事。有数据统计，如果一天用 20 分钟来找东西的话，一周的时间就是一个半小时。如果能把这个时间省下来，一周之中就能早回家一个半小时了。'一切物品都放在指定的位置""拿出来以后马上放回原位""文具和文件的摆放一目了然""资料等设置一

个简明易懂的题目"——其实只需要我们做到这些，应该就能缩短时间了。

3. 制造一段集中的时间

经常加班的人的特点，就是有个着手做很多事，却哪件事都做不完的坏习惯。"两个小时集中完成这件工作。"——我们应该像这样依次把每件事都做完。如果因接电话或接待客人而无法集中时间，那就试着在创建一个员工轮流协助体制或是在改变位置上下功夫吧。

4. "马上就做的毛病"和优先做有压力的工作

在工作上的拖延，会导致"每项工作都做不完"、大脑一片混乱，时间在梳理信息的时候就这样溜走了。请先从压力大的工作开始处理，比如即将到完成期限的工作和如果不早点完成就会有麻烦或是有损自己评价的工作等。

另外，当又有不按程序走的工作出现的时候，若是 5 分钟以内能完成的事就"马上去做"，如果手头有放不下的工作，那就等到能腾出手的时候再"马上去做"。

5. 最重要的还是加强与团队的联系

时间管理中最重要的，是与别人的协作。如果做不到"报告、联络、商谈"，而是自以为是地推进工作的话，会导致不得不重做，或者把相似的工作做得乱七八糟的。最不好的就是自己霸占着工作，因为觉得"这件事只有我能做"。其实，认为"只把自己的工作做好就可以了"的个人主义反而没有什么效率。

进行确认的时候轻松问一句"这样可以了吗";在总结工作的时候,说一句"我会顺便把……也做好";求助于人时说:"能稍微帮个忙吗?";"今天我先回去了"下班时也不用感到内疚……

在上班时间拿出成果,或是做一些别人都不愿意做的工作,以此来营造出"那个人早点回去也没关系"的氛围也很重要。与其考虑缩短自己工作时间的方法,不如想一想如何缩短整个团队的工作时间,这样对自己、对大家都有益处。

先订好晚上的计划,
坚决发誓"按时回家"。

30

了解公司的期望

具备经营者的感觉

　　30 岁后有发展的人，是不仅站在员工的角度，还要站在经营者角度看问题的人。因为他们明白经营者的期望是什么，所以能按照对方的需求做事；还能在行动上帮助管理人员，并为他们着想。

　　相比之下，30 岁止步不前的人，为了保护自己的地位和权力，会说出这样的话：

　　"我们拼命地努力，为什么得不到认可呢？"

　　"公司既然有利润，希望公司能多返还给我们一些。"

　　"带薪休假是公民的权利，不能不让我放假。"

　　如果站在经营者的角度来看的话，就成了这样的情况：

　　"虽然很努力但是没有任何成果，所以我无法认可。"

　　"本年度，即便有一些利润，也必须用于偿还此前的赤字和下一年度的投资中。"

　　"就算是公民的权利，如果在岗位不能空缺的情况下让你休息的话，公司这边会很难办的。"

　　想象一下，如果我们自己花钱雇人的话，打心眼里应该也是不愿意聘用这样的职员的。

　　虽然工作能力不行也是不愿意聘用的原因之一，但是经营者最不想聘用的就是满嘴牢骚，降低其他员工的积极性的人。如果这个人还是有影响力的好员工就更麻烦了，经常听闻经营者的烦恼就是"想辞退他，却又不能因为这个理由辞退"。当然，不擅长利用这样的女性的公司，肯定多少也会有些责任。

　　美容美发师 Y 女士（35 岁）在 20 多岁的时候，对公司抱有各种各样的不满。比如，超时劳动、1 天要接待 10 位以上的客人、闭店后还要给新人做培训、总要到深夜才能回家。

　　即便从自己的营业额中减去开销，拿到手的工资也少得可怜。她觉得自己还要给公司培训新人，应该能多拿一些工资才对。和同事们出去吃饭的时候，大家都心怀不满，牢骚满腹。

　　"既然如此，干脆我自己来做好了。"于是，Y 女士向亲戚借了一些钱，开始经营一家小型的、只有一个人的理发店。但是，由于招揽不到客人，1 年半就关门了。

　　"刚开始开店的时候，根本不知道自己经营到底有多难。"

　　除了美容美发方面的消耗品以外，有很多看不见的费用，如房租、煤电费、通信费、广告费、税金等。而且，在工作结束后，还要管理财务、给顾客送卡、做扫除，生活比当职员的时候还要辛苦。

　　"接受别人的聘用能够轻松很多倍。因为，工作中起码不会出现赤字。（笑）我错误地认为，只要有技术和相关的资格，自己就能独立地做下去。但是，我再也不敢自己开店了。"

　　于是，Y女士又去别的理发店工作了。因为自己有过经营方面的经验，所以看问题的角度与店长和公司社长比较接近，现在，Y女士成了员工的领导者，作为一名首席造型师活跃在工作前线。

　　跳出公司和组织之后，就能意识到自己是如何受到庇护的了。工资和保险等方面自不用说，还有一些方面，比如正因为有组织的名声才能与一些客人接触；遇到纠纷时，组织会帮忙出面解决；在公司里能获得学习的机会等。除了"工资"之外，我们从公司得到的东西都是无形的、很难看得见，但是我们应该意识到公司还在给予我们很多其他的东西。

　　公司的目的在于追求利润。所以，重要的是，我们应该有积极地提升公司利润的意识。

　　至少应该了解今年自己的公司销售额是多少、有多少营业利润、费用支出是多少。

　　为了追求利润，自然少不了提供好的商品与服务，但是，在这背后还需要有各种战略，比如品牌营销、广告选产、人才培养、扩展新业务、拓展销路等。

　　试着站在经营者的长远而开阔的视角上，找到公司的期望是什么，然后自己为之做出贡献。

　　过了 30 岁以后，如果能从一名普通员工的角度转移到一个崭新的位置上，就能够增加组织对我们的期待。

想一想

"如果自掏腰包的话，想聘用什么样的人"。

31

至少有一项值得自豪的实际成绩

具备自由自在生活所需的工作能力

很多 30 岁后还在继续发展的女性，在 20 多岁的时候，都经历过觉得"工作有趣得不得了"的时期。

因为工作特别有意思，所以无论是梦是醒，脑海里全是工作的事。把娱乐活动抛在脑后，完全不顾工作与生活的平衡问题，一心埋头于工作之中——你是否正在经历这般辛苦艰难的时期呢？

其中也有在 30 多岁、40 多岁，甚至更大年纪度过了这样的时期的人，不过这也是人生的必经阶段。

如果没有经历过强烈感受到"工作太有意思！太开心！"的时期，人也就无法有飞跃性的成长。在一份不紧不慢而又漫长的工作中，持续维持工作的积极性可能会比成长更困难。

只要我们热爱自己的工作，也能得到工作给予的爱——这是一条比较公平、简单易懂的规则。成果或成长，都会在后面跟随而来。

但是，在女性的生活舞台中，有着各种阶段，如单身、结婚、怀孕、育儿、赡养老人等。"一直能掌握好工作、娱乐、家务、育儿的平衡"是不现实的。

其实，无论是工作、结婚还是育儿，不都是"在能做的时候去做"或是"顺其自然而为"的吗？这些事都无法按照计划来执行。

我们的人生中既有为工作而疯狂的时期，也有稍作休息的时期，还可能会有中途改做其他工作的时期和一边带孩子一边缓慢前进的时期。

我想，我们并没有走在从开始就已经铺好的路上，而是经过披荆斩棘，一边开辟自己的道路一边前进。

在这里我想说的是，在感觉"工作很有意思"的时期中，想怎样做就怎样去做吧。

因为这意味你将有飞跃性的发展。

在努力过后，你会发现自己具备了无论令自己或是别人都引以为傲的工作能力。比如"在不知不觉间掌握了技能""唯独在这方面上很有自信""创造出了这样的实际成果"等。这份工作能力，会成为我们活在世间并受到认可的强大支撑。

如果没有感觉工作是令人快乐的，也可以把精力投入自己有兴趣的学习中。因为总有一天，这种投入会迎来开花结果的时刻。

那么，说到底，为什么我们必须要具备工作能力呢？

当然，也有能为社会和人们做出贡献这方面的原因，还有一点就是因为"比较容易实现自由自在的生活"。

详细说来，就是"可以按照自己的意愿，选择自己的人生"。

如果我们没有工作能力的话，有时即使不大情愿也只能迫不得已地放弃，或是和很多人去抢一份工作。

如果不能成为"被需要的人才"，那么遗憾的是，无论是在公司里，还是在整个社会之中都会处在比较弱势的位置。

"我什么都可以做。""我会按照您说的去做。"——在年轻的时候，我们可以姑且什么都去接受。

但是，作为一名成熟的女性，"说想说的话""做想做的事""按照自己的意愿生存"——扩展这些自由的领域是很重要的。

凭借着自己可以决断的判断力和无论如何也要达到目的的行动力，还有承担责任的力量，能够让我们自由发挥的事会越来越多。

如果无视身边的状况、仅仅是恣意而为的话，这种"任性"是无法受到认可的。

但是，如果具备让周围人能接受这种言行的能力，同时还能拥有富有魅力的工作能力的话，那么大家就会允许这种"任性"的存在。

30岁后有所作为的女性，是能够自己选择人生的人。

30岁止步不前的女性，是不得不接受别人选择的人。

这样说看上去很残忍，但是这就是世间的法则。

为了开辟自己的人生，能说出"这件事我擅长"的工作方面的信心和实际成果都是不可或缺的。

自己的位置，
要靠自己来争取。

32

人际关系的核心是"认可"

在让对方了解自己之前，首先应当主动了解对方

可以说在人际关系中，最稳固的联系，就是"认可"自己。人对自己的事最有兴趣，最喜欢的也是自己。能对如此重要的自己表示兴趣和认可的存在，是无可取代的存在。

父子、朋友、师徒关系、上司和部下、恋人、夫妇等，无论在什么样的关系中，"认可"都是核心。如果彼此的交往能一直持续下去，就说明双方处于互相认可的关系之中。因为大家都希望受到别人的认可。

"做得很好！""你好厉害！"——只要有人认可自己，我们就能拿出自信和干劲儿，更努力地成长。

其中，也不乏"因为得不到认可而努力"的沉稳之人。

翻译 K 女士（32 岁），因客户说的一句"这

种英语能力，你还真敢当翻译呢"而决心学好英语。在美国留

⋯⋯考试就考到了950分以上（上涨了150分），是

⋯得到认可！"这种气势为她提供了很大的动力。

⋯人际关系，首先应该认可对方。

⋯以分为5个"擅长"。

⋯如擅长听

⋯三分说"为原则，嘴里附和着"然后呢？""是

⋯着对方的眼睛表示自己在认真地听。表情上也

⋯合着"啊——？！""真的吗？"等，把感动传

⋯也是""理解理解"——在有共同感受的基础上

⋯此的距离。

⋯是对对方感兴趣。并不是接二连三地提出各种问

⋯可开始展开话题，谈话就会更加顺畅。提出的问

⋯是"或"不是"就能结束的，比如可以问一些"怎

⋯"怎么想的""本来的原因是"，这些问题是了

⋯如果能发现对方独特的一面，或是能让对方感

觉亲近的共同点的话，就能马上缩短彼此的距离。

3. 擅长感谢

经常把"谢谢"挂在嘴上，会觉得对方很重要，而对方也

会产生一种"受到重视"的感觉，同样也会重视你。不要吝啬，对于宝贵的恩情应该反复地表示感谢。如果再加上经过，如"多亏了您，我……了"，就更能表达出自己的感情了。

4. 擅长赞美

"用心"赞美很重要。赞美成果不如赞美对方的努力，赞美随身物品不如赞美对方的品位和相衬度，赞美对方自身的长处吧。赞美时要具体一些，真正好的东西可以多赞美几次，并且用第一人称"我觉得……"来赞美。如果能赞美到对方本人都没有注意的方面，或是乍一看像是缺点的方面的话，那就能称得上是"赞美达人"了。

5. 擅长慰劳

学会对他人的努力表示敬意，如"总是得到您的帮助""很热吧""干到这么晚辛苦了"等，越是理所当然的事和小事，就越应该隆重地表示慰劳之情。

要想做到这5个"擅长"，需要的就是"习惯"。不要觉得很难，轻松随意地说出来吧。

不过，在这里有一个重要的问题。认可与自己相似的、价值观比较合拍的人是很容易的事，但是我们却很难认可、接受与自己价值观不同、产生冲突的人。在这种时候，也不要用"这样很奇怪""这是不对的"来否定对方。我们可以站在尊重对方的、不同文化交流的角度，来认可这种差异："嗯——原来还有这种想法啊"。

不用勉强彼此必须互相理解、有共同的感受。因为不同的人之间有无法理解的事和不同之处是再正常不过的了。

如果能以"反正是不同的两个人，不可能完全互相理解"为前提的话，也就不会因对方不懂得自己或是能理解别人，而感到痛苦或否定对方了。无论是恋人还是夫妻，都是没有血缘关系的两个人，在工作方面的关系就更是如此了。

而且，带着兴趣去问问对方的想法，正因为"不同"才比较有意思。

如果从"不同"出发，在不同辈分、不同立场、不同价值观的人之间，也能意外地发现共同点。

成熟的女性，需要具备能接受"差异"的广阔而柔软的胸怀。

体会价值观的差异所带来的乐趣。

33

不要为了与别人争斗而彰显自己

如何与自己的自尊心相处

前几天，我见到了某位女性（30多岁）心情不佳的一幕。

这位 A 女士在包括上司也在场的很多人面前，表现出一脸不痛快的样子，把手放进兜里，甩开大步地走，还时不时地唉声叹气，把门摔得砰砰直响……处于旁人勿近的状态。

都不用说出来，她全身散发的气息就已经表达出"我正在生气"。这表现力十分"卓越"，每个人都能看出来。

起初，我也以旁观者的姿态心里想着"这个人可真行啊"，但是渐渐地我才从她的样子中发现，原来这怒气是朝着我来的。我没有赞同 A 女士的意见，而是同意了女性上司的意见，所以让她不高兴了。

"我伤害到她了吗？说话方式有问题？好像没

有啊……"正当我仔细回想自己的态度时，那位女性上司对我说："不好意思，她一直都是这个样子。"

我松了一口气，同时也在心里想："喂，你已经不是小孩了啊！"

离开的时候，A女士彬彬有礼地过来道歉："刚才对您态度不太好，对不起了。"看来，她明明知道这样做"不好"，可还是没能控制住自己。

这是个比较极端的例子，不过很多人在不顺心的时候，都会用发泄感情的言语和态度进行控诉。在情侣和夫妻的对话中，也会这样责备对方："我那么拼命地做……你却……""你之前说什么来着"。说出这些话的时候，我们的内心不再从容，觉得"自己很可怜，自己很重要"的"自尊心"逐渐浮出水面，超越了想要尊重对方的心情。

在工作中也会经常出现这种自尊心与自尊心的碰撞。

因为自尊心很强，所以在人际关系上也是捉襟见肘。

有时候，当自己被否定时、被无视和被瞧不起时、嫉妒别人时，我们的自尊心就会受到深深的伤害。也会为了保护自己的自尊心而责备、伤害别人。

我们应该如何与这样难对付的自尊心相处呢……

这需要彻底地扔掉不成熟的"麻烦且脆弱的自尊心"和"无

聊的自我中心主义"。看上去很难，但是换而言之，就是不去在意。说一句"哦，是那样的吗"，然后痛快大方地谦让对方。

心里想着"失败就是成功""不屑于争辩"，挥起手中的小白旗吧。如果能有个好结果，即使自己没错，道个歉又有何妨？

"可是、可是，我也……"——这时，脆弱的自尊心又会一边哭泣一边缓缓地露出头来，我们可以安慰它一番："好啦好啦，没关系，我是认可你的"，然后做我们应该做的选择。自己的事只要自己懂得就够了。

比无聊的自尊心更重要的，是与他人的关系和心情愉快的时间。令人不可思议的是，越是想拼命地保护自己，对方的攻势就会越猛烈；如果停止防守的话，攻击就会如退潮一般结束。即便对方挥起了拳头，也要冷静地把它放下来，然后中止战斗。

另外，当我和他人之间发生不愉快，或者想要指责对方的时候，会说出和心里想的内容完全相反的话。

当心里想"你总是这么为所欲为"的时候，说出来的却是"你总能为我着想，对我帮助很大"；心里想着"你怎么就不明白呢——"，嘴上却说"你真的理解得很透彻"。

当脸上即将出现不耐烦的表情时，就使劲儿用笑容掩饰过去。

如果觉得不想说话，就要强迫自己主动打开话题。

　　而最有效的两句话就是"谢谢"和"对不起"了。

　　如此一来，基本上就可以修复与别人的关系，神奇的是，自己的心情也会变得很好。即便是强迫自己，也要努力改变言行，心情也会随之发生转变。

　　任何一个女人都能做女演员。这个方法看起来有些决绝，但是我们会马上适应，并逐渐割裂摆布我们的感情。不要在对方的言行上钻牛角尖，我们应该把关注点放在"自己想怎么样"上。我认为，真正宝贵的自尊心，不是依靠与别人的斗争，而是凭借与自己的斗争所得到的东西。

自尊心并不难处置，
可以用来促进成长。

34

坦诚地接受别人的话语

相遇之人的话语全部是礼物

人都是比较容易坦诚地接受肯定自己的话语，接受不了否定自己的话语。

20多岁的时候，我也经常反抗前辈们说的话。甚至对方说的一句"你说什么呢"，都会让我产生一种被全盘否定的受伤了的感觉，于是就会对对方产生反感。这也许是我的自卑情结和不自信的表现吧。

但是，我意识到每件小事都能让自己受伤，这对身体不太好，而且也不利于成长。

于是，当被骂道"你是不是傻啊"的时候，我会先表示认同，然后再想一想"那么应该怎样做好呢"；如果被人说："你怎么一点常识都没有"，我就会学着前辈的语气说："那就请教教我吧。""谢谢您的建议！"——坦诚地接受别人的建议，可以学到很多东西。

　　"能否坦诚地接受否定自己的言语"，这是决定 30 岁以后能否成长的钥匙。有时候，越是在工作上马马虎虎，却看上去很优秀的人，在被别人指责自己的弱点与失败的时候，就会受到越大的打击，有可能会恼羞成怒。因为他们还没有习惯被别人否定和指责。偶尔扔掉自尊心，戴上傻瓜的面具也是很有必要的。

　　眼下，有很多前辈们都对新人比较关照，而且自己有很多要忙的事，不愿意提醒新人或者给他们一些建议。到了三四十岁的时候，能提醒自己的人就更少了。

　　所以，能为我们指出问题的人，都是我们应该感谢的人。

　　我也是这样。越是能严厉地对我说话的人，我就越是珍惜。

　　因为，这样的人能提醒我意识到一些自己注意不到的地方，而且，如果听到他们说"你还差得远呢"——得不到他们的认可，会让我更加地努力。

　　说起来，有时短短的一句话就能改变一个人的人生。

　　堀口瞳女士（35 岁）在大学时代，希望自己能进入西餐厅的厨房工作。在接受面试的时候，有人对她说"你比较适合去接待客人"，于是她便发现了服务业的乐趣所在。

　　有一次，厨房和大厅的意见产生了分歧，在反驳一位正式员工的时候，被人说了一句"真固执啊"。

"当时我觉得反驳别人确实很没劲。从那时起，在工作中我没再反驳过别人，也没辩解过什么。"

堀口做过麦当劳的店铺服务员，后来成了服装店的店长。

她被分配到涩谷这种地理位置好的店铺中，但是却不知道该做些什么。从头到尾，要么在麦当劳的延长线上分析店铺的位置，要么做出一张让大家上班感觉比较轻松的排班表。

第一年的销售额几乎没有上涨，她感觉自己应该去学习，所以向公司提出请求"请让我去参加一些研修班吧"，但是申请却被驳回了。当时，社长对她说了一句话："请磨炼自己的感受力"。

于是，她意识到"店长的工作，并不是店铺的管理，而是招揽顾客"。

在此之前，一直认为公司会教给自己怎样做店长的堀口女士，将"磨炼感受力"理解为：从眼前的情况中，自己能够感知、思考、学习到什么，然后采取什么样的行动。

于是，堀口女士开始思考自己能做些什么。

"因为我很擅长用电脑，所以就想到为店铺建一个主页。"

这个想法收到了意想不到的巨大反响：2004 年，介绍店铺商品的博客，一天的点击量超过 3000 次，在人气博客排行榜的时尚类别中，连续 7 个月位居第一。销售额每个月上涨了 1400

万日元。

并且，为了能吸引路过的客人进店，她还在橱窗展示上下了很大的功夫。到了第四年，店铺就突破了目标销售额 5000 万日元，创造下了神话一般的纪录。

堀口女士以自己的成功经验为基础，举办了如"提高销售额的秘诀"等讲座。后来，还有不少人委托她给企业做培训，于是她成了一名独立的企业培训师。现在，堀口女士活跃在企业培训师和讲座老师的岗位上。谈起今后的目标，她说："一直到临死之前，我都要去尝试，看看自己的能力到底有多大。"

这种高远的志向，大概就是坦率地接受遇见的人说的话，并将其换成"礼物"的魔法吧。

无论任何话语，
都应该为了自己的成长加以利用。

35

不要大肆标榜正义的和
合乎道理的言论

—切事情皆有缘由

"怎么能这样子呢!""不可原谅!"

在这世上,会有很多事让我们感受到这种不合理。

比如,每次接受不了体育裁判的判定方式,或是看到税金又被滥用的时候,在电视机前,会有很多女性气得直发抖吧。我也是其中的一员。

在工作中,也会不断遇到令人愤愤不平的事。

组织的决定事项、部长的指示、评估个人成绩的方式、女性老员工的休假方式、性别歧视等,这些都是让我们想不通的事。还受不了上司和同事的敷衍。越认真地工作,越仔细地想这些事,就越让人生气。

面对这些不合理和有欠缺的事情,有时需要正义和合乎道理的言论,但是有时也会成为活在这个社会中的阻碍。

因为有时，"在这世上，不是所有事都那么合理"。

我作为派遣员工在某运输公司工作的时候，曾见过这样的一幕。女性职员 T（30 多岁）对送货员 E（50 多岁）粗暴地大叫："你怎么能这样呢！"这是 T 在得知 E 在工作时间去游戏厅后进行的抗议。

T 一直以来积攒的不满爆发了："大家都这么忙，再怎么说也不应该这么做吧。而且，之前也有一次联系不上你吧。"她这是打算"惩恶扬善"，为了公司把不好说的话都说出来。

E 既没有道歉，也没有辩解，只是低着头眼睛看着地面。第二天，他突然就不来上班了。

"太过分了，把工作岗位空在这里，真给大家添麻烦！"T 说。她并没有提到自己有错，只是一味地向周围人为自己辩护：错的明明是 E。想必她也觉得心里有些不是滋味吧。

的确，T 说得完全合理。但是，即使用合理的言论来指责对方，对方也是无法坦诚接受的。即便明明知道自己做错了。

这也许是因为标榜宣扬正确合理的理论和普遍看法的人，说话时的措辞就像是拥有上百万的支持者一样，站在优势位置上。

合乎道理的论调就像是尖锐、无敌的凶器一般伤人于无形。

如果只是带着关心问对方一句"怎么回事"的话，也许还

138

有别的解决途径吧。即使需要批评、劝告，也不要太咄咄逼人，应该给对方留一条逃走的路。

从地方作为临时工来挣钱的 E，之所以去游戏厅，或许是因为抱有某种巨大的压力吧。

人生在世，每个人都有自己的弱点，谁都有犯错和失败的时候。所以我们应该拥有一颗包容的心，学会站在对方的角度去考虑问题。

因为"一切事情皆有缘由，我们看到的只是结果罢了"。

另外，有些女性有着很强的正义感，喜欢和世间、组织中的不合理作斗争。长此以往下去，她们的生活会非常辛苦，有可能自己就先崩溃了。

"一切事情皆有缘由。"——我们可以把这句话放在心里的某个角落。如果从不同的立场来看的话，也许还会发现其他正确合理的观点。其实，没有比这些正确合理的观点更靠不住的事了。

很多时候，把在社会中还算是合理的观点，拿到组织中都是行不通的，有人会告诉你"其实也不能完全这样讲"，或是"道理我都明白，但是做起来很难"。

实际上，我在 20 多岁的时候，也曾用自己的正义感和符合道理的观点追问上司，是个很难对付的属下。"怎么能这样做呢！"经常对上司奋不顾身地如此抗议。

"请你理解一下。"说这句话时上司那为难的表情，至今浮现在我的眼前。

后来的某一个时期，我明白了"即使觉得自己是对的，去与别人争论，这对双方也都没什么好处"，我学会了贴近在组织和别人的身旁。但是设想一下，如果当时再这样继续下去的话，就会成为一个让上司和属下都不舒服的、令人挠头的女性吧。

比自己理想中的正义更重要的，是与组织、个人之间的关系。不要只站在自己的角度判断事物，我们应该拥有一颗柔软的心，学会体谅对方有可能产生的难处，认真聆听对方的声音。这样的女性，到了30岁以后怎么可能不成长呢。

淡然接受
世间和组织中的
不合理现象。

36

人只能依靠他人的力量散发光芒

成为在周围人眼中无法忽略的存在

30 岁后能够继续发展的人，一定是有贵人的人。

"贵人"是中国台湾经常使用的一个词汇，指的是能帮助自己散发光芒的人。

如同月亮因太阳的光芒而闪耀，展现出无与伦比的存在感一样，人，正因为沐浴在他人的光亮中才得以闪耀。只凭借自己的力量是无法发光的。

无论是工作在团队之中，还是自由职业者或经营管理者，如果没有人帮忙宣传"这里有个不错的人哦"，也没有人鼓励提拔的话，我们无法发展的。即使自己一个人再努力，也只是空忙一场。

只有遇到自己的贵人，才能称得上是乘大浪而行吧。

现在的我，受到了很多贵人的提点。

比如邀请我合作的编辑、在纳税和法律方面给我出主意的前辈、帮我做个人主页和演讲用的资料的朋友、帮我策划举办签售会的朋友等，如果没有这些值得感激的贵人们的存在，我是不可能完成这一份份工作的。

工作，一个人是无法完成的；生活，一个人也无法完成。

在我的实际感受中，每个人都是依靠着旁人的帮助才得以生存下去。

生命中不断出现贵人的人、因贵人的出现而顺势走向成功的人，有着如下 3 个特点。

1. 诚实地为了工作而努力

所谓的贵人，是很不可思议的存在。我们并不能主动地把某人变成自己的贵人，贵人通常会自然而然地突然现身。

30 岁后能抓住机会的人，一定在坚持不懈地努力着。越是专心、努力地工作，就越容易打动别人，贵人就会被吸引过来了。

如果和大家努力的程度相近的话，别人是不会产生助你一臂之力的想法的。

发发牢骚，或是给自己找些借口，贵人也不会现身。

我们应该成为一个即使自己没有请求，也不会被周围人忽略的人。

2. 常怀感激之情

经常说"谢谢"的人会很有人缘。任何人在接受了对方的谢意之后，都会还想为对方做点什么。没有感激之心的人，即使暂时有人愿意与之接近，之后也会马上离开的。

面对再小的事情，也要纵情地欢喜与感谢。对自己有恩的人，一定要充分地表达出自己的谢意。重要的是，越是与自己亲近的人，就越应该用言语表达出自己的感谢。

3. 自己也要成为贵人

如果只希望自己能获得认可和帮助的话，那就太自私了。

我们可以把这份恩情报答给自己的贵人，也可以回报给其他的对象。如果身边有需要帮助的人或是非常努力的人，那就尽自己所能去帮助他们。受到别人的帮助会使我们的心情很好，但是如果能为他人做些什么，会让我们更加的快乐。

特别是在 30 岁以后，比起"得到"来说，我们会渐渐更多地站在"给予"的一方。

另外，在给予别人帮助后，可以期待对方的成长，而不要期待对方能为自己做什么。也就是说，不要期待对方会对自己所做的事感恩戴德。送出去的好意就要扔掉，这是基本原则。"做好事心情真舒畅！""如果对方能满意的话我就高兴了！"——能这样想就足够了。

越是计较得失，算计自己的利益，别人就会离你越来越远。

一味索求的人往往什么也得不到。但是，如果能用豪迈大方之心待人，从某个地方会有更神奇的好事等待着你。

我们时而帮助别人，时而得到帮助，生存在巨大的人类生态系统的运转之中。

既不存在只得到别人恩惠的人，也不存在一味施恩于人的人。

无论是觉得自己很倒霉的人，还是觉得自己很幸运的人，有可能会在出人意料的地方保持平衡，最终达到"收支相抵"。

这世间并非不公平，而是出人意料地公平。

对身边的人、对社会
做自己力所能及的事。

37

把对方当"好人"来对待

与难对付的人的相处方式

在某独立行政法人的数据中发现了很有意思的事。

在验证员工对工作有多大热情的"工作投入度""职位满意度"调查中，随着年龄的增长，员工满意度逐渐增高，30多岁的比20多岁的高，40多岁的又比30多岁的高。

在"对压力的反应"测试中，20多岁的人反应最大，到了三四十岁就慢慢地降低了。换而言之，这一测试可以理解为"随着年龄的增长，工作越来越有趣，压力越来越小了"。

这是很值得高兴的结果。或许是因为随着年龄的增长，找到了合适的位置；也许是干着干着就喜欢上了自己的工作。

在精神压力方面，我们可以推测出精神上未成熟的年轻人比较容易产生精神压力，然后慢慢地就学会应对压力了，也可以解读为"专心工作的人，感觉不到什么压力"。

说起来，仿佛 30 岁后继续发展的女性们，承受压力的能力比较强。

另外，她们在面对不少女性都颇感烦恼的人际关系时也能淡然处之。虽然这方面并不是没有问题，但是她们觉得"工作这么忙，没时间为这种事烦恼"。"职场是工作的地方"——她们很清楚这种目的。

另外，30 岁后开始为发展而苦恼的女性，对工作不够专心，或因谣言坏话而慌乱，或因人际关系而犹豫苦恼。因为人际关系搞不好，所以工作也就越来越没意思——渐渐地就步入这种恶性循环之中。

不过，无论是多么能干的女性，在人际关系方面还是会有苦恼之处。

如果这种心情发展成严重的精神压力的话，那就无法继续工作了。离开职场的原因中，最多的一条就是人际关系。

而且，最大的问题就是"如何与难对付的人相处"。仗势欺人的上司、爱管闲事的大妈员工、任性妄为的后辈、在各方面都视对方为竞争对手的同事……这些人的存在就已经构成精神压力了，那么应该如何面对他们呢？

首先，作为前提我们应该清楚地认识到"人是无法改变的"。

因为人只要自己不想改变，那就无法改变。特别是面对从态度上就能看出讨厌自己的人，是绝对无法坦诚相待的。

我们唯一能改变的，就只有自己。如果自己的态度产生了变化，和对方的关系也就随之改变了。

在此原则的基础上，我们应该掌握"6 条与难对付的人相处的对策"。

1. 用"正面的目光"挖掘对方的优点

越是把对方当作"讨厌的人"对待，这个人的"讨厌指数"就会越来越高。

变换一下角度就会发现很多不一样的东西，比如神经质的人能够注意到很细微的部分，爱管闲事的人亲切而且会照顾人等，我们应该用"正面的目光"，即带有温度的眼睛去观察他们。既没有全是优点的人，也没有全是缺点的人。只是偶尔我们用"负面的目光"看到了自己讨厌的部分罢了。不要急着否定对方，试着从对方的优点开始接触，也许他也能变成你眼中的"好人"。

2. 探索自己在何种状态中，能与他人建立良好关系

面对对方的出牌，我们应该打出一张相称的牌来与之呼应。观察一下对方比较重视什么、正在追求什么。模仿对方的行为也是方法之一，比如面对重视礼仪的人，我们应该用同样的礼数回敬他；面对下指示的时候很重视细节的人，在汇报工作的时候我们也应该详细一些。另外还比如兴趣、家庭、艺人的八卦

新闻等，如果能了解"对方在什么时候能露出笑容"，那么两个人之间的好关系就能形成一种习惯了。

3. 寻找共同点和能引起共鸣的东西

无论什么样的人，都会有与别人相同的地方。发现这个共同点，通过时常以此为话题，觉得对方不好接触的感觉有可能就会消失了。

4. 寻找自己可以学习的地方

在这些人身上应该隐藏着你没有想到的优点和值得学习的地方，而不好的地方要当作反面教材来学习。

5. 随便找一些问题与对方商量

即便两个人处在敌对的状态，通过商量一件事，也能变成伙伴关系。

6. 采取与感情相反的行动

越是难对付的人，就越应该微笑着主动上去打招呼。选择逃避不如主动进攻。

只要改变自己的看法与行动，与对方的关系无论如何都会发生变化。如果能控制自己的感情，也就能控制人际关系。

尝试用笑容
面对讨厌的人。

38

聪明的女人尊重男人
让男性最重要的尊严得到满足

经常有人说，男人越来越软弱了。

但是，我总感觉这并非意味着男性自己变软弱了，而是反映出了女性对男性的期待感和感情。

20多年以前，在日本是这样分配任务的"男人在社会上工作，女人照顾家庭"。

所以，在一片"爸爸真伟大！""谢谢爸爸！"的尊敬与感谢之中，男人们一直在努力着。男人一旦被女性称赞"伟大""厉害"，就会朝着这方面努力。

但是，随着女性逐渐步入社会，开始做与男人一样的工作。于是女性们发现"哎？原来女性也能做得到""工作上可以不分男女"。这是时代发展所造成的，我们不能否定这种发展，但是我认为重要的是，即使时代变化了，我们也应该认同"男性是很厉害的"。

男性因为女性的认可才会继续努力。

如果能得到女性的认可，他们甚至能发挥出惊人的本领。那是女性无法与之相比的，能力很大的力量。

30 岁后收获成功的聪明女性们，知晓让男性干劲儿十足的方法。

男性希望女性在任何时刻都能尊重他、认可他。只要能满足他们的这种"自尊心"就没有问题了。

男性的这一本质适用于任何关系，不只是工作，还包括恋爱、结婚、友情等，而且在这个世界上，下至儿童上自老人，从古至今从未改变过。

不要与男性站在相同的位置，而是应该稍微比他们低一些，把男性当作"了不起的人""能干的人"来对待，尊重他们的意见。

其实他们犯了错误，也不要用类似于"不是这样吧！""你真是什么都不懂"这样的话来否定他们。

在两个人意见相左的时候，试着用"这个想法很稳重，不愧是你想出来的。我是这样想的，你觉得怎么样"这样的语言把自己的意见传达给对方吧。

男性的反应会完全不一样的。

认可自己，给自己增添自信的女性，对于男性的生存来说是必不可少的存在。

为了这样的女性，他们会拼命地努力，并守护着她。

不同特征的男性与女性有着各自的任务和职责。

在能够稍作退让、胸怀宽广的女性面前，男性就好像是成了逃不开如来佛掌的孙悟空一样。

由于用一般的手段是对付不了孙悟空的，所以如来佛祖也认可了孙悟空的"战斗力"。并在孙悟空完成保护三藏法师的任务后，赐予了他"斗战圣佛"的称号。

对男性来说，尊严比什么都重要。

理解错"强大"的含义，与男性站在同一战场上的女性，会受到一些无谓的创伤。好争斗也是男性的特征之一，所以在他们心中的某个地方会固执地认为"我不能输给女性"。

也有不少停滞在 30 岁的女性，在与男性同一战场的战斗中，不得不选择了放弃。绝对不要与男性决一胜负。

女性拥有的是温柔、包容力，还有能够应付人和各种状况的灵活性。所谓温柔，是一种体谅对方情绪的想象力。

我们可以把温柔作为生存的武器，它能帮我们抑制来自周围的攻击。我想，没有人会对温柔的女性扔炸弹的。

接下来介绍"与男性顺利相处的 5 条方法"。

1. 满怀兴趣地认真聆听男性的话。

2. 或表扬或感谢，以表达自己的尊敬之情。

3. 讲话要有逻辑，不要感情用事。清楚地表达自己对对方的意愿。

4. 利用"不着痕迹的照顾"和"温柔"，让对方站在自己这一边。

5. 建立起利用彼此擅长的事互相帮助的关系。

这5条方法对恋人和丈夫都很有效。自古以来，拥有不同特征的男性和女性一直都是可以同心协力达成目标的。

饶有兴趣地聆听男性的讲话，
然后试着表示感动，
或称赞他。

39

建立女性之间的联系需要共鸣

形成一个团队后会有很大的力量

做外国汽车销售工作的 O 小姐（29 岁），向我讲述了她的烦恼："我最不擅长的市场，就是年龄相近的女性了。女人真是好麻烦呀。（笑）既想表达自己，又喜欢对别人刨根问底。结了婚的女性会劝你'早点结婚很好''生孩子挺好的'，真是多管闲事。但是，这是我的工作，我会努力克服的。'招女性喜欢的女人'到底是什么样的人呢……"

O 小姐外表很性感，再加上她沙哑的声音，是一位非常有魅力的女性。她在男性中的人缘很好，但是却抓不住女性客人。

"嗯——做朋友比较放心的女性？（笑）"我说。

O 小姐想了想我的话。

"那我夸张地演绎一下自己的外表与实际性格

的差距怎么样？让对方觉得我和她们是一样的。之前我对身边的女性完全没有兴趣，所以我得先从聆听她们讲话开始。我还没经历过结婚和生孩子，面对已经结婚生子的女性，我就用向女性前辈请教的姿态与她们相处吧。"

真是聪明。O 小姐在攻克了自己不善应对的市场之后，一定会有很大的发展吧。

没错，女性非常重视"朋友"，她们是通过共鸣联系到一起的。

某网站的调查问卷显示，"受男性青睐的女性类型"有：

○ 1 温柔　　○ 2 善解人意　　○ 3 容易沟通

"受女性青睐的女性类型"有：

○ 1 容易沟通　　○ 2 重视友情　　○ 3 可以信任

男性追求的是有女人味的温柔体贴，而女性则主要是看做自己的朋友合不合格。

因为自古以来，女性有着形成团体、重视横向联系的历史。

在古代，男人去打猎或是去打仗的时候，女人就留在村子里互相照应着生活。在交流方式上，打猎的男性们通常会为了传达自己的目的进行对话，比如说"那边有好的猎物"，等等。相对来说，女性则反复说的都是一些没有实际意义的、只是为了与对方建立联系的会话，比如，"最近经常下雨啊，洗的衣服都干不了，烦死了"。

所以，与男性相比，女性比较擅长增进友情的交流。

女性如果把"共鸣"和"共同点"作为彼此之间的纽带，创建一种稳固的团队配合模式的话，一定能发挥很大的力量。

不过，从反面的角度看，相同立场或相似的一伙人团结在一起，有可能会分帮结派。如果团体之间互相敌对、攻击的话，就会有前进受阻的危险。有时也会发展为地位的争夺、因嫉妒而故意找碴儿、单身女性和已婚者的战争等情况。

30岁后有所发展的女性，很擅长借助同性的力量。如果能把同性朋友拉入自己的阵营，可以收集到各种情报，而且大家紧密地团结在一起，可以产生了不起的力量。

于是，"和女性交往的5条原则"如下：

1. 靠近对方的立场

"我懂，我懂""我也是啊"——与对方用同样的视线，自己主动敞开心扉。"主动"很重要。这样的一点勇气，可以使对方放下心来，增加对方对自己的善意和信赖感。

2. 价值观不合是理所当然的事

对对方的一切都怀有兴趣，自己不会的事要向对方请教。为了构建平等的关系，需要认同彼此的优势和想法，切莫互相比较。始终记住与对方是"工作上的往来"，不要管闲事。若即若离的距离感很重要。

3.抓住施惠于人的机会

对同性朋友给予的恩情会好好偿还，这是女性的特征。可以轻松地相互说着 '我来做吧""能不能帮个忙呢"，来构建互帮互助的关系。

4.让对方看到自己旳弱点或者找事情与对方商量

不要制造障碍，主动以真心示人，把对方变成自己的同伴。

5.闲聊最重要

女性之间需要没有实际意义的闲聊。不用长谈，偶尔打个招呼闲聊几句就可以。

一天要有一次聊天的时间。

40

拥有何种天资的女领导可以
激发员工的干劲儿

能够表达感谢、任由属下发挥

在观察了很多女领导，自己也实践了不少之后，我发现了成功女领导所共同拥有的唯一一个条件。

这就是，信任属下，把工作全权交与部下负责。

也许你会想"啊？就凭这件事啊"，不过这项基本原则很重要。并且令人出乎意料的是，并没有意识到自己不信任属下的女领导大有人在。

我 27 岁当上优衣库店长的时候，一下子要管理 15 名左右的员工。当时自己年轻气盛，大概下命令的时候看上去都是一种"按照我这个店长说的去做就可以了"的颐指气使的姿态吧。这个领导当得并不顺利，当时店里的气氛很压抑，还出现了懒懒散散没有干劲儿的人和反抗我的人。

当然，工作上也不可能有什么进展，每天过得都很辛苦。因为没能把属下培训到可以随时待命的状态。每天晚上我都要一个人完成剩下的工作……

有一天，我去其他店铺帮忙。那家店铺的女店长很受员工的爱戴，看着大家积极工作的样子，我想："强加于人的工作是没人愿意去做的。"首先，应该与员工心意相通。如果无法做到让员工主动工作，那么每个人都会觉得工作很没意思，也不会有成长和进步。

而且，店长并不是处在高高在上的位置，店长的作用是把员工凝聚在一起，给大家展现一个奋斗的目标。我深感如果没有周围人的协助，自己什么都做不成。

于是，我尝试把工作任务分别交给每一位员工，对他们说："我想把这件事交给你来做，请你也考虑一下处理的方法。如果遇到了困难可以随时来找我商量。"虽然暂时会需要一些时间，但是员工们开始主动工作了，工作进展得很顺利。重要的是，店里的氛围也变得欢快了起来。最后，整个团队还作为全国"卖场最漂亮的店铺"受到了表彰。

有些领导利用自己高高在上的位置，把自己的意见和指示强加给别人。这样的领导如果得不到员工的尊敬，是没有人愿意跟随他工作的。不仅如此，大家还会感觉莫名地讨厌他，想要与他作对。或者，有的员工会顺从领导的命令，把压力留存在心里……

作为一名女领导，在与员工视线相交的时候，应该让对方感觉安心。学会认可对方的长处、尊重对方。因为人都会喜欢对自己有好感的人，认可给予自己认可的人。

为此，隐藏一点感情也是有必要的。

最近我眼中的一位优秀的女领导，就是在前面提到的经营新娘跟妆、美甲沙龙等业务的公司社长金森理香女士（35岁）。

尽管这家公司是理香一人创建起来的，但是她说："是大家给的机会让这样的我也能当上社长。所以，我总是对员工表达自己的感谢之意。"

理香女士对"育人"有着自己的见解。

"所谓教育，是从高高在上的角度来说的。反而我们自己学到的东西比较多。与其说是教育员工，其实从一开始我就在想，希望自己能做一个感觉像是在拉着大家往前走的领导。"

她还告诉我，不要把自己的价值观强加给20多岁血气方刚的年轻人。即使他们不行，也不要害怕失败，要给他们在一线锻炼的机会。最后，就连那些反复换工作、以临时工的感觉进入公司的人，都在不知不觉间或是做到了管理层的职位，或是找到了自己在工作中的价值，努力地发展着。

"我会和员工很亲近地说话，而且还会跟他们公开经营上的事。所以，我们就这样建立起了团队精神，员工们都有很强烈的意识把公司当戒'我们自己的公司'，总是想方设法地为了公司去努力。我几乎很少开口，大概是行动上比较开明吧，员工们也都很积极向上，不会感到失落消沉。"

当然，理香女士自己也希望能成为员工们的榜样，她并没有忘记带着紧迫感约束自己。

身为领导需要具备沟通能力和乐观积极的性格，还有能够退让一步的广阔胸怀。只要愿意信任属下，把工作托付给他们，相信这份信任对方一定能感受得到。而且，他们也会为了不辜负信任而做出努力。

激发部下的潜能，提升团队的整体水平，是身为领导的责任。

无论自己处于任何地位，
都应该与对方平起平坐地对话。

41

人际关系
能帮助我们兼顾工作与育儿

求助于人的时候不用犹豫不决

据某项针对正式员工中的未婚女性所做的调查显示，在"会不会对兼顾工作与怀孕生子、育儿感到不安"的问题中，有 97.3% 的受访对象回答的是"会感到不安"。

原因包括"国家在幼儿园和育儿补贴等方面的配套服务不够完善""没有自由的时间了""公司的育儿制度不完善"，等等，育儿环境不完善的选择占了一半以上。

而现实生活中，在为了生孩子、带孩子而选择辞职的人中，68.3% 的人回答"仍有工作的意愿"。换而言之，三分之二的因养育孩子而辞职的人的想法都是"如果能工作的话就工作。因为没有合适的环境，所以迫于无奈选择了辞职"。

　　其中，有些女性自己创造了育儿环境。前面提到过的那位编辑，后藤薰女士（50 岁）就是其中之一。36 岁的时候与当时的男性属下结婚，37 岁怀孕生子。女性职员在休完一年产假和育儿假之后会选择辞职，这在当时已经成为惯例。

　　之所以后藤女士没有辞职，是因为她对工作强烈的热情——"好不容易做到现在的工作，还想继续干下去。还想出更多好书"，和某位女性作家对她说的一句话。

　　"你不会辞职的吧？因为大家都辞职了，你是不会辞职的。"

　　她感觉如果就这样辞职了，是对信任自己的人们的一种背叛。而且，育儿假和晋升课长的考试时间正好重叠了，就在她犹豫要不要参加考试的时候，另一位男性作家说了这样一句话："好不容易公司才给你提示了一条升职的路，就不应该有拒绝这个选项！在公司希望你参加考试的时候，你最好能参加一下。"

　　于是，后藤女士在家的时候会把孩子放在一边，拼命地做企划方面的练习。这些努力很有意义，最终她通过了考试。回归工作后，她在工作中还像生孩子之前一样，并没有改变自己的工作方式。

　　这个秘密就在于——"托育妈妈"。其实就像是育儿保姆一样，可以把孩子放在托育妈妈的家中让其代为照顾。托育妈妈可以帮忙接送孩子去幼儿园，还能帮忙照看生病的孩子。一次偶然机会，后藤女士在自己家附近发现了一位很好的托育妈妈。

于是，从孩子 1 岁开始，一直到小学毕业，白天一直都托付给这位托育妈妈照顾。偶尔也会有来不及晚上 7 点半去接孩子的时候。正想离开公司时，属下来问问题，或是印刷公司的人来了，时间就会拖很久。每到这时，后藤女士就会给托育妈妈打好几次电话"我会晚到 30 分钟""我没赶上电车"，有时甚至要到晚上 12 点以后才能接上孩子。

因为和父母离得比较远，所以不能拜托父母去接孩子。曾经求助于被称为"妈妈替补"的能临时帮忙照顾孩子的人、住在同一公寓的其他孩子妈妈，有时也会拜托工作伙伴中的作家朋友帮忙去接孩子。在工作中她并没有让别人感觉到她有孩子，所以反而同事们会担心地问她："孩子没什么事吧？"

育儿的环境、制度都很重要，但是最终还是需要依靠一份周围人心甘情愿帮助自己的人际关系吧。"可以把孩子交给这个人。"——寻找能够信任的人，确定托儿费，然后把这当成一份工作来委托给对方。在职场上，生完孩子后以何种行为示人，固然很重要，但是如果能在生孩子以前就在工作上做出一些成绩，注意构筑人际关系，成为大家都需要的人，那么当返回职场的时候，大家都会开心地用"欢迎回来"来迎接你。

反之，无法兼顾工作和育儿的人，不就是什么都自己亲力亲为的人吗？这样的人经常会感到非常疲惫。

在此，送给你"兼顾工作与育儿的 7 条建议"如下：

1. 尽量不要说："因为我有孩子。"

"没有兼顾的方法了吗？"利用一切制度和系统，重新研究一下工作方法和时间的利用方式吧。根据情况，有时可以暂时放慢速度。

2. 多去拜托别人的帮助

要有让整个社会帮忙育儿的意识。与其找一个人来帮忙照顾孩子，不如多找几个人分散着承担任务，这很重要。

3. 重视同事

为了工作能顺利地开展下去，应该与同事保持良好的关系。首先，要为团队做出一些贡献。

4. 挤出"独处时间"

越是总和别人待在一起的人，就越应该重视独处的时间。上班前、上下班的路上、家人睡觉之后、清晨，等等，充分地利用间隙的时间。

5. 夫妻保持良好的关系

拥有与自己最亲近的关系的人，就是自己的丈夫。即便不能把家务劳动和带孩子交给他，但是精神上的支持很重要。不要把家庭的核心放在孩子身上，而应该放在夫妻关系上，这是基本原则。

6. 不要追求完美

比家里乱七八糟、工作没有做完还要重要的，就是开心地生活。对于孩子来说，最好的礼物就是"妈妈的笑容"。

7. 分别享受育儿和工作带来的乐趣

二者兼顾可以帮我们转换心情，并且心里会更加地充实。在放松自己的同时，体会二者各自的乐趣。

尽可能利用一切方法
兼顾工作与育儿，
只是不要忘记感恩。

42

邂逅有魅力的人

与他人的缘分可能决定自己的人生

人与人之间的缘分是不可思议的存在。在哪里怎样相遇、在哪里发生了怎样的变化、具有怎样的影响力——因为不知道这些问题的答案，才越发地显得有趣。

如今的我，也是由很多次相遇组成的。

列举几个给我的人生带来很大改变的偶然相遇吧。

首先，是我住在鹿儿岛的时候，偶尔拿到了一本柬埔寨的书。书中用温柔的视角采访了海外的一些不为人知的人和事，"居然有人在做这么棒的工作"。在这位女性作家的刺激下，我成为一名自由撰稿人。5 年后，偶然间在台湾与那位女性作家一起写一本书，后来，我们的缘分一直持续至今。

在绕地球一周的客轮上，我遇到了一位出版社社长，他利用把公司交给儿子试运营的时间出来旅行 3 个月。他受过不少苦，拥有自己独特的经营哲学，是一个非常有人格魅力的人。下船后的几年时间里，我们两个人并没有工作上的往来，而是保持着像同学一样偶尔见见面的关系。有一回，我按照仿佛从天而降一般的企划书写了一本书，然后让这位出版社社长帮忙送到了市面上。

还有一次，在旅途中的西餐厅里，遇到了一位 20 世纪 80 年代出生的优雅女性。"真是个完美的人啊"，我这样想着便上前去搭话，聊着聊着她对我说："要是你没地方住的话，我有空着的房子你就去住吧。"自那以后的 6 年时间，我就一直无偿地借住在她的一幢独栋别墅中。在既没钱也没工作的时期里，多亏了这位房东的好意相助，我才能不放弃地朝着目标中的工作努力。

经常会有人说："与高一层次的人接触，人是能够成长的。"

我觉得这也是一种观点，但是，回过头来看看自己的经历，我并没有抱着这样的目的与别人交往。仅仅是因为遇到了有魅力的人，然后想听听他的话语。对我来说，能从各种职业、年龄、地位的人口中，听到他们的想法与人生经历，那是再高兴不过的事了。如果双方在接触中都觉得"想继续与这个人保持联系"的话，那么与有缘之人的关系自然就会一直持续下去。

"有机会的话""我想让他为我做点什么""想让他好好改变一下我"——如果从一开始就带着这种为自己的成功和利益着

想的、自私的想法去接近别人的话，即使制造了人脉关系，也无法构筑良好的缘分。

只要我们享受与人相遇并产生联系这件事本身所带来的乐趣，一旦当自己想做些什么的时候，我们需要的人就会突然地出现，或是为我们提供不可思议的帮助，或是有好的人选给我们介绍。

我感觉，好的缘分，并不是自己有意寻找而来的。而是在构建好的人际关系的过程中，不知不觉地建立起来的。

不过，人与人之间的缘分是需要维护的。

如果只是把它放在一旁不闻不问的话，再难得的缘分也是会生锈的。

其实，维护起来并不难，只是在有机会的时候互相问候一下而已。明明花几分钟时间就能做到的事，却被很多人不知不觉地忽略掉了。

想到了就要立马联络。

另外，并不是"只见与自己的气场合得来的人"，辗转到脚边的一切偶然相遇，都与自己的成长息息相关。

劝告自己的人，才能帮自己发现很多问题。

其中，也会有伤害自己的人。但是，正因为别人曾经给我们带来痛苦的回忆，我们才能理解站在相同立场上的人的心情，也懂得相应的处理方法。

　　事后，我们就会觉得"那次相遇是必不可少的"。没有任何一次相遇是浪费时间的。

　　隐藏在相遇中的深意，需要靠我们自己去寻找。

　　接受偶然的相遇，其实是一种"必然"。

　　这次，和我遇到的人或偶然坐在身边的人之间，也许会发生什么有意思的事——你不觉得在生活中这样想很有趣吗？

　　曾经听到过这样的说法。

　　如果在至今为止的人生中，与我们产生过交集的人少了一个，即使只是少了其中的一个，下面的人也都不会出现。也许人与人之间的缘分，哪怕只有一块空白，也会像一个完成不了的谜题一样。

　　　　　　　　　用感恩之心，
　　　　　　　　欢迎一切相遇。

43

利用时代，而不要受时代的摆布

自己的食物要靠自己的力量赚取

时代造就人。

对女性上班的看法，也可以大致划分为每十年一变。

35岁以上那代的女性曾经生活在要求女性做"女子"该做的事的社会，"女子也要做更多的事！""我们能做得更多！"——她们是这样挣扎过来的。

"迷失一代"在不欢迎年轻人的就职冰河期社会，仍然在顽强地提高自己的能力。

后来，终于到了"欢迎拼搏'女性'"的社会，大概是由于看过了前面几代人的经历吧，新时代的女性反而希望过上平稳安逸的生活——"不用了，我不用那么努力""我只把能做到的事做好"。

当然，所有时代都有各种各样类型的女性。

但是，我还是深切地感受到时代的巨大影

响力。

小田爱香（化名，36 岁）是电子零件厂商的正式职员。

她明明是大学毕业，却因为是女生，拿到的工资与短期大学的毕业生一样多。这个保守的公司行政类职务要穿制服，还要在开水间轮流值班。

因为爱香擅长英语，所以她被分配到了海外事业部，和比自己大一岁的女性合不来的精神压力和对未来的不安甚至让她有些轻微抑郁，就这样度过了一段黑暗的时期。

"我很想从那里逃出去，但是又没有勇气辞职。只能一边压抑着自己，一边微笑着。当时我想，现在自己是暂时的样子，总有一天会绽放的！"

在爱香进入公司 4 年左右的 2000 年以后，公司的状况开始发生变化。

因经济不景气的影响，社会上掀起了一波派遣员工的风潮，大批派遣员工涌进了公司。公司也好像下定了决心，就连很机密的部门，都由具备专业能力的派遣员工承包了。

"女性员工们都因为被派遣员工抢了工作感到很没意思。再怎么不干活的职员，也会因为公司一直遵循的旧时代规矩的崩溃而开始产生危机感。我自己并没有遵循公司内部轻轻松松的标准，而是按照公司以外和社会的标准制定了自己的标准。所以我很欢迎这种改变女性意识的好趋势。"

爱香并不满足于自己的英语能力，她希望自己能依靠英语生存，无论什么时候被现在的公司开除都无所谓。于是每周三天的晚上，她开始进入翻译专业的英语学校学习。所以，她并没有因派遣员工进入公司而感到焦虑。

这时，在公司内外有很多女性员工都认为"要是这样的话，我也去做派遣员工了""我想去其他的公司看看""还会有更好的公司的"，于是出现了一股不拘泥于一家企业的新潮流。

"我也查了很多跳槽、留学和进修硕士的资料，但是我并不想随便地辞职。"

在跳出公司的人之中，既有跳槽后升职的人，也有降职的人，还有参加社会招聘不顺利把下面一家公司也辞掉的人和完全转变为派遣员工的人……每个人的遭遇都不同。但是并不是都那么顺利。

爱香也度过了8年的不遇时期，随着时代的变迁，公司的状况也慢慢地发生了变化。不用再穿讨人厌的制服，有性别歧视的职业种类和薪资体系都得到了更正。

"当时我又觉得，现在辞职是不是有些可惜呢？"

后来，公司内部一时之间吹起了一阵新风。具有改革思想的人成了人事部长，积极地起用女性员工到有责任的岗位。社会上，也有很多公司在聘用新人时，声称会充分起用女性人才，这也是对自己的一种宣传吧。

从这时开始，爱香的人生也发生了重大的改变。

有发展的女性们，视野不仅局限于公司，而是放眼整个社会。

她们考虑的是"自己在社会中能受到多少认可"，所以对学习抱有很大的热情。

即使公司内部情况有变，她们被抛到了公司外面，心里也已经有所准备，不会太过不安。

从根本上讲，因为她们具备"自己的食物要靠自己的力量赚取"的独立精神。

无论什么时代、什么地方，这是生存最基本、最需要的思想。

拥有
即使离开公司
也能得到认可的
一技之长。

44

消极被动解决不了任何问题

如果没人理会就主动举起自己的手

即使脑袋里有想法却不说出来，谁也不会了解。

无论是恋人、朋友，还是家人，都不能做到"心有灵犀"。

工作上就更是如此，保持沉默就得不到什么机会。

"我想做……"

"我能做……"

自己应该到处播种这样的种子。

或者，在机会到来的时候，率先举起自己的手。

既然有"这个机会我一定要抓住！"的想法，就一定要让大家知道。因为一声不吭地忍着不说的话，谁也不会注意到的。

前面提到的小田爱香女士（36岁）也是那种如果别人不理会自己，就主动举起手的人。在海外事业部，男性会被派往海外活跃在前线，而女性做的都是一些辅助性的工作。爱香希望能更多地考验自己的实力，多次向人事提交了职位调动的申请，但是却都被驳回了。

"因为自己是女人而受到公司的歧视，让我感觉很屈辱，这简直是不可原谅的事，同时我也特别厌恶能忍受这种屈辱还在每天上班的自己。"

后来，在开始刮起积极发挥女性的作用风潮的时候，公司内部有一个"英国留学（MBA旁听生）+实习"的项目在募集学员。

渴望改变的爱香在31岁那一年决定应征参加这个项目。

应征方法有两种：①得到上司的推荐，②在公开招募时直接申请。

一开始，她觉得"有上司推荐的话应该比较容易通过吧"，于是就去拜托上司，但是却被上司的一句"不能支持你"拒绝了。

拒绝的理由是"你现在已经在做笔译和口译了，所以没必要再去留学了吧"。

于是，她决定放手一搏，递交了公开招募的申请。反正就这样干下去也没有出路，她做好了如果这次失败就辞职的准备。但是，竟然合格了。在为期9个月的留学生活中，她学习了会计、经营等课程，在实习中，她自如地运用电子方面的专业术语，从早到晚都只讲英语。只身一人在没有日本人的地方工作过——这给她带来了很大的信心。

回国后，经过好像在检验她的干劲儿似的严格的面试，她被分配到了开发部。现在担任主任一职，飞往全世界来推行与海外企业之间的项目。

"我现在的状态，就是学生时代描绘出的那种理想中的样子。用超出自己极限的力量做出了各种尝试与努力，终于取得了好的结果。我甚至在想，是不是神仙看到了我一直以来的忍耐呢。"

这个过程，需要 10 年以上的岁月。

"公司不认可自己""处在主力以外的位置，不受重视""待遇不平等"——如今，也还是会有感觉空虚失落的人。

但是，从长远的角度来看的话，却出人意料地能达到公平的状态。

对工作的热情，是可以直接弹回到自己身上的。

"交给我来做！"——不断展现出对工作的热情的人，总会得到相应的机会，哪怕需要等待一些时间。

抱着"差不多就行了"的态度的人，得到的也就是差不多的待遇。

而完全没有干劲儿的人，用不了多久，就无人理睬了。

世间对待我们的态度，就像是自己的一面镜子一样。

如果希望受到重视，那就应该改变自己的工作精神和态度。

如果希望对方了解自己，首先应该主动敞开心扉，理解对方的需求。

并且，在组织中如果有自己想做的事就要积极地说出来。

为了 30 岁以后的发展，我们需要给自己创造工作机会。整个团队可以多拿出一些提案来扩展工作范围，比如，"如果这样做会更有发展""这里做得不够好""试试这样做怎么样"。

而在 30 岁止步不前的，是那些心里有想法却不说出来的人。"说出来的话就都得自己来做，感觉太累了""不想再给自己增加工作了"——因为采取了防守的姿态，所以他们在工作上没有进步。如果只是做一些被分配的工作，那和新人有何区别呢？

工作为了对方而做，从结果上看也是为了自己。不要忘记这一基本原则。

尝试向最亲近的人
传递自己的想法。

45

车到山前必有路

危机可以激发人的潜能

　　井后史子女士（36 岁）是一位单身妈妈。20 多岁的前半期，丈夫债台高筑后就跑路了，史子被追债的追得到处跑。离婚后，水电、煤气等，一切基本生活资源都被切断了，她从凌晨 2 点开始送报纸，早上 9 点到下午 4 点半在牛肉饭餐厅打工，晚上 10 点又要去送报纸，就靠吃一些小零食生活。

　　但是，这样工作身体是吃不消的。在拖了半年没交房租后，她和孩子被赶了出来。

　　"无处可去，我就打算带两个孩子靠着一块蓝色苫布生活。"

　　她先去一家房产中介稍微看了一眼，"我没有钱，但是我想租间房子"，听到我这样说，中介人员问："你知道生活保障制度吗？"正好在那家中介里上班的女性中，有一位正在领生活保障金的单身妈妈，她详细地给史子介绍了一下。这样她们才免于过上靠蓝色苦布的生活。

之后的 4 年中，她一边在餐厅打工，一边领着生活保障金。

某天，上小学一年级的儿子因流感发烧 39 度。

正好那天，因为店长出差，史子没办法请假。一大早去上班，后来因为销售额对不上，下班就晚了，一直到晚上 6 点才到家。发现儿子处于脱水状态，流了很多鼻血。

于是马上把儿子送到了医院，尽管最后没事，她还是泪流不止并在心底默默地想，至少得找一份早上能带孩子去医院的工作。

那时，史子已经开始用餐厅店长送的旧电脑上网了。

"如果能用电脑在家办公的话，孩子生病的时候就能带他去医院了"，虽然想是这样想，但是自己在电脑技术方面一窍不通，又没有钱上电脑课程。

于是，她找到电脑研修班的老师直接谈判："会场的预约、主持、接待，什么工作我都可以做。"在参加了几次免费的研修课程后，史子学习了电脑技术，老师开始委托她帮忙制作博客和主页。

附近的一些主妇们看到这样的史子，都不停地对她说："真好啊——我也想用电脑工作——"于是，这成了公司成立的契机。

在厨房和客厅放置了 7 台电脑，史子开始和附近的主妇们一起承包网购代理业务。

几个月连续赤字，前两年的创业很艰辛，不过现在到了第六年，公司已经发展成为拥有 330 平方米仓库、事务所有员工 30 多人、年营业额达 2 亿日元的成长型企业了。

史子在担任社长带领公司发展的同时，还致力于打造一个让有孩子的女性们也能安心工作的公司和社会。

"什么工作我都接受，不知不觉就走到了现在。包括我在内的有了孩子以后无法工作、感觉被社会遗弃了的女性们，能被社会需要，还能挣到钱，真的特别高兴。"

当我们站在危机关头，觉得"已经无路可退了""这下可完了"的时候，就会认真起来，发挥出自己的潜力。

我在写第一部作品的时候，出版社的编辑对我说："请你明白，如果这本书卖得不好的话，就不会有第二本了。"这句话让我意识到"已经无路可退了"，就开始认真了起来。如果这本书失败了的话，我的人生就与作家无缘了。因为自己想从事写作而执意来到了东京，所以不能再回到家乡去了。当时自己处于走投无路的阶段，不知道接下来的人生是就此结束，还是有更进一步的发展。我思考问题的时候总是很乐观，但是只有这一时刻才真的有了走投无路的感觉。我觉得正因如此，自己才能够在创作第一本书的时候超常发挥。

　　如果，现在有人正处于走投无路的状态中，这并不是坏事。

　　人的负能量比正能量要强大。"不能再这样下去了""不甘心""要争口气"——这种负面的情绪能给我们带来剧烈的变化。

　　如果到了走投无路的时刻，我们的潜力就会被激发出来。

　　要想从最坏的情况中逃离，就要找到一条破釜沉舟之路。

危机
是发生重大变革的机会，
请心怀希望。

46

近两三年的目标
比十年后的梦想更重要

积累可能实现的、短暂而充实的目标

前面提到过，采访 30 岁后有所发展的女性们时，颇有意思的一点就是当问道"今后的梦想是什么"的时候，她们的回答通常都是"没有什么梦想"，或者是"笑着度过每一天"，可见她们并没有在考虑将来的事。

不过，她们达成短期集中性目标的能力却十分优秀，想到要做什么就能马上去实现。即使没有长期目标，随着短期成功的积累，也能逐渐拥有强大的实力，或创造出实际成绩。

相比之下，也有些人只是嘴上说说"那个也想做，这个也想做"，却都实现不了。这样的女性的特点就是，设定的目标范围大且模糊，拥有很多目标，而且不停地变来变去。一个目标尚未达成，就转移到下一个目标上，所以就习惯了"半途而废"的状态。

我感觉"梦想"这个词汇是一种"不知道能否实现,如果能实现的话就最好了"的虚无缥缈的东西。相比之下,我更愿意使用下面两个词。

·只要肯干就能实现的事——"目标";

·只要具备一定的能力就能实现的事——"野心"(第20篇中有过介绍)。

也就是说,从现阶段来看,能够实现的是"目标",预料不到能否实现的是"野心"。词典上对"野心"的解释是"非分之想"。

如果能悄悄地决意将这"非分之想"化为现实,也不失为是一件乐事。

长期守望这一"野心",然后坚定地依次实现眼前的"目标"——女性不就是通过这种成就感获取自信而成长起来的吗?

以下是切实实现目标的 7 个关键:

1. 细分目标,尽量在短时间内实现

如果目标太大太远,人很容易丧失努力的劲头,陷入不知如何是好的状态中。举例来说,如果将目标设定为通过资格考试的话,就应该把需要做的内容细分为若干个"稍微努力就能达到的程度"的目标,"这个月做这个",然后再分为"这一周做……""今天就只做这个",就像这样依次细分,然后落实到日程表中去实现自己的目标吧。我们可以通过积累小小的成功给自己信心,以此来调动积极性。

2. 目标要少

目标少的情况下比较容易实现。如果一次设定很多目标的话,哪个都无法集中完成,最终导致半途而废。目标应该"一个一个地完成",如果无论如何都要实现某一个目标的时候,那就要把所有精力都只集中在这一个上面。

3. 目标"为什么要实现"——明确目的(Why?)

没有清晰目的的目标是无法实现的。比如,若以托业考试达到 900 分为目标的话,拥有"飞往全世界谈生意"或"成为翻译"等明确的目的是十分重要的。首先问一问自己,什么是自己真正想做的事,然后再拿出破釜沉舟的决心。

4. 想象目标实现后的状态(What?)

"这个目标达成后会怎么样呢"——清晰地想象一下实现目标后的状态。如果希望销售额能达到一亿日元的话,就要用与之相称的言行来要求自己。"500 万日元销售额的自己"和"一亿日元销售额的自己",无论在语言还是行动方面都是不一样的。如果想象不出来的话,试着模仿已经做到的人,也是一种方法。

5. 目标达成的方法中没有情理(How to?)

从第 4 点对目标达成后的想象逆推，就可以找到在实现目标的过程中我们需要做些什么。追寻前人的脚步也是方法之一，其实任何手段都可以（只要不违人道）。试着找到自己最容易取得成果的方法吧。

6. 多想几次自己的目标

按照我想实现的目标，描绘出一幅"实现后的画"，粘贴在长时间面对的桌子前面。有人会贴在卫生间和厨房，有人在看到上班路上的大型看板就会想起目标的习惯，也有人将自己的实际成绩写在日程本和日历上。这样一来，对实现后的想象就会深入意识的深处。

7. 告诉别人自己真正想实现的目标

如果自己已经决定好要实现的目标，就应该不停地告诉别人。愿意帮助自己的人会被信息吸引而来。但是需要注意的是，如果弄错了告诉的对象，有可能会被对方否定。

如果是真正的目标，
那就马上开始实现吧。

47

正面思考可以招来幸福

把偶然转换成必然

前些天，和朋友一起去海边。热得都快倒下的时候，我想这大概是在告诉我"该休息了"，于是我一个人在树荫底下睡了个午觉。睡了大约 3 个小时，身体就完全恢复了。而且，在醒来的瞬间脑袋里还闪现出了写书的好点子。

与此同时，当时的我想起了一个朋友。我想这大概是在告诉我"该打电话了"，于是我马上拨通了电话。结果对方说："哎呀，我也正想给你打电话呢。你一直想看的电影现在正在 BS 电视台播放呢，我帮你录下来吧。"这是多么棒的偶然啊。

傍晚，从海边回家的路上，准备去吃导游书中介绍的泰国料理，结果不知为何那家店临时停业了。下一瞬间发生了一件特别偶然的事，我在那家店的正对面发现了一家一直想去却怎么也找不到地方的海鲜餐厅。

我想这是在告诉我"快去",于是马上决定进去尝一尝。若非没有这样的经过,我怎能品尝到这想吃很多年的料理呢。

"这大概是这样一回事吧。"——我喜欢从对我有利的方面来解释问题。这简直就如同玩游戏的时候,如果能很幸运地捕捉到相关提示的话,很容易就能不可思议地通关一样。

我想,这是把偶然转变为必然,顺势而为的结果。

我的朋友 K(47 岁),30 岁从乘务员的岗位上退下来以后参加相亲的时候,在和相亲对象约会的棒球场里,听到坐在旁边位置上的人说:"J 〇 L 的空姐好像考了司法考试。"

K 当时心想:"既然 J 〇 L 能考,那 A 〇 A 没理由不考啊。"于是她决心挑战司法考试。第二个月开始进入司法考试的补习学校学习,通过努力最终以优异的成绩通过了考试。现在她作为一名律师十分活跃。

30 岁后能够继续发展的女性拥有一项可以称作生存智慧的技能——能够吸收身边的偶然,并转变成力量据为己用。

简而言之,就是要彻底地进行正面思考。而且,并不只是正面思考,还应该有所行动。

有些人从第一家公司辞职后一落千丈,反复换工作后说:"还是最初的公司最好。"也有些人渴望能找到合适的结婚对象,但却很少有所行动，嘴上却说着："还是最初的相亲对象最好。"

很遗憾，这样的人不会积极地利用一个偶然的契机。如果能换个思维方式，也许还是有机会的。

另外，在走投无路之际如何行动，能够考验出一个人的能力。

"不行了，赶不上截稿日期了，怎么办……"当我即将身陷绝望之际，一定会自言自语地说一句话。

那就是"谢谢"。

"只剩一天了""写不完了""连力气都没了"——如果我们能摆脱这种"什么都没有"的负面情绪，学会用正能量去积极地思考："还有一天呢，没关系""有活可做就已经很值得庆幸了"，就能心态平和地迈出努力的一步。多亏能这样想，虽然有几次曾身陷绝境，但是没有出现过遗漏原稿的情况。"谢谢"是对现实最大的肯定。

如果你无法做到正面思考的话，那就尝试使用一些积极的语言吧。因为即使不勉强自己改变想法，仅仅靠着用一些好的词汇，也能自然而然地令情绪发生变化。

这也是"发展的人"与"停滞的人"的区别。如果观察前进发展的人使用的语言你就会发现，他们表情丰富地使用着充满光明与希望的语言，比如"好幸运""太巧了""真棒"，等等。

　　而止步不前的人则满口别人的坏话和牢骚，说的都是些如"太倒霉了""太差劲了""无聊""无所谓"等负面的语言。而且，说话时的表情也很让人不痛快。

　　语言，可以创造出语言一样的现实。

　　我们从现实中吸收正能量还是负能量呢？一点习惯上的差异决定了我们会变成哪种系统。

不要吝惜使用
带有正能量的语言。

48

30 岁之前的跳槽取决于
"能否让自己成长"

30 岁后的跳槽要看"能否发挥能力"

女性 30 岁前,是职场变动的多发时期。

有人因为总觉得"过了 30 岁,再想换工作就难了",越来越多的人在对现状不满意的情绪的激发下选择了跳槽。

有人考取了资格证书后跳槽、有人通过留学、考硕士、进专科学校学习等方式先积攒能量、有人选择了同一行业但待遇相对比较好的公司、有人被猎头看中……每个人的情况都不相同。

最近,我在外地切身感受到的是,具有独立志向的女性越来越多了。参加"创业课堂"这样的讲座的,大半部分都是女性。有上进心的女性们相信在别处一定有发挥自己能力的地方,她们在为了寻找"需要自己的地方""自己可以闪耀的地方"而努力着。

　　不是吹牛，我在二三十多岁的时候换过很多工作。20多岁的时候，做过行政、讲师，还有服务业，等等，换过各种各样的工作。而过了30岁以后，我做过摄影师、编辑、自由撰稿人，等等，每一份工作的内容都有所重叠，最终联系到了现在的作家一职。

　　在这么多的跳槽经历中，可以说只有一项是我一直秉承着的，就是选择"能够让自己成长的职场"。无论何种工作，开始的第一年都要拼命地去适应。到了第三年左右自己可以从容应对，觉得"在这里已经学得足够了"的时候，我就总觉得不够满足，想去尝试做其他的事。对我而言，切身感受到自己的成长成了工作的乐趣。

　　30岁以后，很多次跳槽都是在衡量"自己能否成长"的基础上，加了一条选择"能够运用一直以来积累的能力的职场"。因为过了30岁不再是可以说"我什么都不会，但是请从头开始培养我"的年龄了。

　　我跳槽过多次也并不后悔，所以经常支持想要跳槽的人："按你想的去做不是挺好吗？"如果你感觉"在这里没有我的未来"的话，即便眼前写着"石上三年"，我觉得一年以内也可以断然辞掉这份工作。勉勉强强地工作，无论对自己还是对周围的人都不太好。

　　只是，凭我的经验来讲，30岁后的跳槽并非易事。

特别是如果想参加公司的社会招聘成为正式员工的话，取决于你一直以来积累了怎样的经验、拥有何种技能。你会选择在公司增强实力或是独自考取资格后辞职，还是一开始就选择能让自己成长的工作即便是兼职也无所谓，或者是选择如销售、待客服务、心理咨询等这种 30 岁后仍有需要的职业……无论何种职业，自己去哪里都要看清楚这份工作"能否发挥自己的能力"。

从我的经验中总结的"跳槽的 5 条心得"如下：

1. 首先，考虑在目前的地方能否发挥能力

随着时代的改变，公司的体制和方针也有可能发生变化。我们可以通过自己学习考取资格证书，来实现职位的调动，或移动到综合性职位上，或成为项目的后备力量，等等，有很多发展的方法。一边增长实力，一边等待着机会降临，也是不错的选择。

2. 客观地思考自己的市场价值

如同商品的市场价格的确定一样，经验、资格、人格魅力、外表、年龄等因素也毫不留情地决定了工作人士的价值。我们应该客观地判断"自己凭借着怎样的能力，在哪里能够得到器重""公司追求的是什么，自己能用高于工资的工作水平来回报公司吗"。

3. 还是要用"能否发挥自己的能力""能否成长"进行选择

"你能为我做些什么"——如果参加社会招聘中途进入公司，就能感受到周围人的这种想法所带来的压力。我们只需做自己擅长的事，自信一些，就会受到周围人的欢迎了。如果我们能在一份工作中有所成长，并且积累了在任何地方都能通用的技能，这些都是比工资更宝贵的财富。

4. "能否想象出自己在那里生龙活虎地工作的样子"很重要

职场都有自己的风格，有时就算条件都具备了，也会觉得哪里不太合适。"总有些不太对劲""格格不入"的直觉过不了多久就会越来越强烈。我们可以尽可能地观察职场里的人，试着听听他们说话。

5. 优雅地辞职

带着一直以来的感激之情，也算是为了今后的工作考虑，等到决定了工作由谁接手并交代好以后再离开职场。如果你的离开是公司的损失，公司会因此而惋惜，那么在下一个职场中，你也一定能成为同样的存在。

判断
"自己凭借着怎样的能力，在哪里能够得到器重"。

49

女性大器晚成也不错

正因为绽放得晚，才能拥有丰富的经历

　　一直到 15~20 年以前，由于当时并不是女性长期工作的时代，所以很少有女性过了三四十岁以后能力还会有所增长。

　　但是，随着时代的发展，如今 30 岁后有所发展的女性自不用说，四五十岁崭露头角的人、60 岁后琢磨着做些什么的人也是层出不穷。

　　这大概是因为，女性一直工作已经不是无法想象的事了吧。

　　在我身边也有很多这样的例子，比如，35 岁成为护士的前面提到过的前空姐、39 岁成为短期大学副教授的婚礼策划师、58 岁创办房地产公司的前公司职员、过了 65 岁开始经营西餐厅的主妇，等等。不断涌现出开店、独立、成立公司的人。

　　正因为她们体验过其他的世界，正因为一直以来的某种积累，才能找到如此有意义的工作。

　　另外，还有人在离婚后绽放出了花朵。

　　美容美体沙龙的社长 T 女士（48 岁）25 岁结婚后，一直在做专职家庭主妇，40 岁的时候她离婚了。

　　"我当时就在想，一直以来自己都做了些什么。当家庭主妇的时候，一直坚持的也就是去美容美体店了。不过，我意识到在美容美体方面，我的知识不输给任何人，因为我去过各种各样的沙龙。"

　　如此一来，她就知道什么样的美容美体服务能得到顾客的喜爱。于是她决定开一家自己理想中的终极美容美体沙龙。

　　因为自己并没有相关的技术，所以雇了三位美体师，她认为既然做就要做好，于是她把沙龙开在了交通便利、地理位置优越的车站大楼里。由借钱开始开店，不过没用多久店铺就步入正轨，越来越受顾客的欢迎。现在她已经开了第二家店，有了 10 位员工。

　　即便看起来什么都没做，但是人只要活着就会产生某些方面的积累。

　　有些想象力和判断力只有到了一定的年龄才有可能具备。

　　人脉方面也是如此。很多同龄人已经站在了管理层等有影响力的地位上，当自己开口："我想做这件事，请帮个忙"的时候，上传下达很快就能有结果。有时甚至通过一个电话，瞬间问题就解决了。

　　公司职员中也发生了很大的逆转。一直以来都是论资排辈，不得不考虑结婚生子的女性们，很多在20多岁萌芽后就"先行告退"了。不过时代发生了变化。

　　企业积极地增加女性管理者、女性在公司的新事业中崭露头角，等等，在各种状况剧烈变动的情况下，经常有公司在长期任职的女性中意外地发现不错的人选，然后这些女性一直以来所做出的努力突然就开花结果了。

　　诗人野崎美夫的作品中，有一首诗叫作《大水壶》(《因为大水壶烧开水比较慢》讲谈社)。印象中有几句是这样写的："无论多么努力、多么努力，都做不好"，"这时可以把自己想象成一个大水壶"。"小水壶虽然热得快，沏杯咖啡，再泡一碗面，水马上就用完了。""虽然大水壶烧水比较慢，但是一旦沸腾起来，能给大家都沏好咖啡。"

　　时机成熟，是需要时间的。

　　"花的生命短暂……"这首诗歌咏的是女性生命的宽度，但是现代的女性们能绽放很多次。假设人生有80年，我们应该像生存了80年左右的树一样，储藏营养，然后化为实物，无数次绽放花朵。

　　花无法持续绽放，但是这又是下一次开花的开端。只是一定不能丧失希望。

　　即使犯了错，也不要想什么"玩完了"（笑）。

　　不要着急，人生还有很多路要走。

　　还会有美丽的花朵绽放——这样想就好了。

为了
能让自己的花绽放，
需要
不断地补充营养（不断学习）。

50

女子之道，并非一路到底

既可以转换方向，也可以离开轨道

"女子之道，乃是一路到底。"

这是 2008 年 NHK 大河连续剧《笃姬》中一句很有名的台词。

笃姬从萨摩藩岛津家嫁到德川家，相继经历了夫君亡逝、岛津家与德川家演变为敌对关系、让出江户城等事件，是个为了守护德川家奉献自己一生的内心强大的女性。

朋友 S（37 岁）特别喜欢这句台词，甚至写成书法挂在家中。

她说，在她考虑结婚的时候，多亏了这句话她才有勇气下定决心，"没有违抗命运，接受了一切，包容忍耐地向前走下去"；在工作上遇到挫折的时候，也是这句话在支撑着她。

后来这样的 S 给我打电话时说："我跟很多人都讲了'女子之道，一路到底'这句话。后来一位前辈对我说：'我的路可不是一路到底，傻瓜。（笑）'那一瞬间，解除了这句话对我的洗脑。"

像笃姬一样，拥有"最好心理准备，包容忍耐"的姿态很重要。

不要执着于无法拥有的东西，在现有的状况中，不放弃并且尽可能做到最好——日常的工作与生活都应该这样构建。如此一来，我们的心智成熟了，工作中也会有所成长。

女性们很擅长"包容忍耐"，也许这是生于各个时代的女性们的"生存智慧"。

但是，当我们勇敢地接受，尽自己的能力做出尝试，有时会发现有些不对劲、有时想走其他的路，也有时觉得这样下去是不行的，在这些情况下完全可以不选择"一路到底"。

而且，"只有这一条路"的想法是一种执念。

生存下去的方法有很多种，如果用"只有这一条路"来限制道路的话，就算机会到来我们也意识不到，无法顺势而行，只是一味地抓住一条路不放。

"只有××""一定是△△""应该○○""必须——"——这些随意创造出来的条条框框会束缚自己的心，支配着我们的行动。赶快抛开它们吧。

另外，束缚自己的想法还包括"我只能做这个工作""必须喜欢工作""没有先例，不可能做得到""不加班就无法升职""我和她一定搞不好关系""○岁前一定要结婚（换工作）"，等等。

就算是常识，也要抱着怀疑的态度问一句："真的是这样吗？"

对自己最不好的束缚，就是限定自己的能力，比如说"因为我——""我做不了"。

既然给自己下了定义并深信不疑，就不会再有什么发展了。

相反地，如果感觉自己也许能做得到，或是觉得还有其他的方法，这样想就会拓展自己的可能性。

我在 31 岁以后当过摄影师、编辑，等等，不停地拓展工作的新领域，38 岁环游世界一周后来到了东京，42 岁成为一名作家，44 岁进入了台湾的研究生院学习。

"一把年纪，还真能折腾啊。"在身边的人看来，也许会觉得我过着与众不同的人生。对我来说，这是最好的时期。

"也许我能做得到。""这件事做起来应该很有意思吧。"——我总是以轻松的心态前行。

摘掉心灵的枷锁后，你会发现自己会做的事情变多了，人生也充满了乐趣。

女子之道，并非一路到底。既可以转变方向，也可以脱离轨道。

　　我们既不是计划旅行，也不是团体旅行，我们打造的是只有自己的独创之旅。

　　只有自己能决定自己的道路，在这条路上兴致盎然地走下去吧。

　　这条路并非无法改变。回首来时路，我们会发现"如果没有走过这条路的话，我是无法来到这里的"。

　　我们能走到哪里去呢？能成长到什么地步呢？如果去了那个地方，能看到什么风景呢？

　　因为不知道道路的前方会发生什么，所以旅途充满了乐趣。

摘下心中的枷锁，
相信
"一切皆有可能"。

30 岁后
有所作为的女性，
是能够自己选择人生的人。

30 岁
止步不前的女性，
是不得不接受别人选择的人。

30歳から伸びる女、
30歳で止まる女

版权登记号：01-2015-5440

图书在版编目（CIP）数据

女人 30，拥抱更广阔的人生 /（日）有川真由美著；
徐萌译 . —北京：现代出版社，2017.4
ISBN 978-7-5143-4437-0

Ⅰ . ①女… Ⅱ . ①有… ②徐 Ⅲ . ①女性－成功心理－
通俗读物 Ⅳ . ① B848.4-49

中国版本图书馆 CIP 数据核字（2016）第 272707 号

女人 30，拥抱更广阔的人生

作　　者	【日】有川真由美
译　　者	徐　萌
责任编辑	赵海燕　宋凌燕
出版发行	现代出版社
通信地址	北京市安定门外安华里 504 号
邮政编码	100011
电　　话	010-64267325　64245264（传真）
网　　址	www.1980xd.com
电子邮箱	xiandai@vip.sina.com
印　　刷	三河市宏盛印务有限公司
开　　本	880mm×1230mm　1/32
印　　张	7
版　　次	2017 年 4 月第 1 版　2017 年 4 月第 1 次印刷
书　　号	ISBN 978-7-5143-4437-0
定　　价	35.00 元